PA 入門 [三訂版] 基礎が
身に付く PA の教科書

小瀨高夫、須藤浩 著
黃大旺 譯

Sound
& music 10

圖解 音控全書 修訂版

從基礎理論到**現場應用實踐**，
第一本徹底解說**Live Sound**現場混音技術美學

U0032337

前言

「你好！」

感謝您在許多音控的專業書籍之中，選中了這本《圖解音控全書》。為了完成本書，筆者參閱了坊間幾乎所有的音控相關書籍，並且擔心著，自己是否真能寫得像那些前輩一樣好。但是，我更在乎的，則是能不能藉由自身從事音控超過三十年，以及在專門學校擔任講師二十年以上的經驗，寫出比其他書更好懂的內容。除了有志成為音控的人士以外，也希望那些樂手、錄音師、製作人、編曲者能透過本書了解音控的實際業務。如果能達到這樣的目的，筆者將感到十分榮幸。

因為盡可能以好懂、親切與實用為目標書寫，筆者也顧慮到可能有專業人士會指出表現形式不妥，或邏輯上有不連貫之處。但就如同書名，淺談廣泛全知識，故請各位先進多多包涵。

在著作本書時，參考了許多音響學、振動學、電學理論或樂器音響學之類的書籍，在此也要對這些書的作者表達謝意。

在此期待，閱讀過本書的讀者，終有一天能有機會一起工作。

*

自從二〇〇五年五月初版發行以來，已經過了十四年。音控器材的進步，也隨著數位技術發達不斷更新，所以有了這次的三訂版。雖然數位音控器材一直在進步，在基本的類比理論與技術層面，其實沒有改變。敬請詳加閱讀本書。

小瀨高夫

▶ 基礎知識篇

▶ 應用實踐篇

基礎知識 篇

PART 1

關於聲音

01 ▸ 音控是怎樣的一種工作？

在解釋「聲音」之前，先來談談何謂音控，以及音控這行業到底在做些什麼。

什麼是音控（PA）呢？日本很多相關書籍都說，PA 就是 Public Address 的縮寫，也就是「對大眾傳達」或是「對大眾擴音播放」的意思。換句話說，音控起源於演講等活動上擴音器材的使用。這種技術漸漸發達，就變成現在那些大規模演唱會上的音控。本書的主題當然集中在音樂的方面，而音樂方面的 PA 又被稱為 SR（Sound Reinforcement），也就是「音樂的補強」、「音樂的增強」。以筆者在美國的親身體驗，當地的音響公司從業人員都會說「Live Sound」，相當好懂。

而音控在最近的現場演奏或音樂會上，更成為不可或缺的一部分。從店內演出的小型 PA 系統，到幾十萬人規模的戶外演唱會，業務範圍相當廣泛。當我們去看一場演唱會的時候，總是會在觀眾席中間看到一個操作著混音台的人，他（她）就是所謂的 PA 音控師，混音師或混音工程師。而在舞台兩端的翼幕背後，又有一些樂手專屬的監聽喇叭操作員，又稱為監聽音控師、監聽混音師或監聽工程師。在舞台上，也有專門負責架設麥克風、確認麥克風架位置，並且整理麥克風線的專責人員，被稱為舞台助理或 PA 助理。

這三種職業，都從事著最接近樂手的工作。

其餘，還有因應 PA 系統音場傳達範圍（聲音可及之處）設計、規劃音響的 PA 系統規劃師（PA 系統設計師），設置、組裝音箱並決定配線的 PA 工程師，將喇叭音箱懸吊到天花板上的組裝作業員，計

算、供應、管理並監控電源容量的電工技師,以及從事前置配線(進場前事先檢查配線)或組裝機櫃(裝設連接效果器等器材)的倉管工程師……等職種(圖①)。

在演唱會上常見的工作

● 音控員
 (在觀眾席控台)

● 監聽音控員
 (在舞台一端控制樂手用監聽喇叭的音量)

● 舞台助理
 (待命在舞台上裝設或交換麥克風)

在音響公司上班的人員

● 維修工程師
 (負責器材的修理與改良)

● 倉管工程師
 (前置配線或組合機櫃)

在演唱會舞台下

● PA 系統規劃師
 (設計音響系統)

● 音控工程師
 (設置喇叭與配線)

● 組裝作業員
 (將音箱懸吊在天花板上)

● 電工
 (計算並監控電源的容量)

＊不同的音響公司,可能使用不同的職銜。現場也有可能一人身兼數職,很難嚴格區分職責。

▲圖① 演唱會的音控相關職種示意表

　　雖然音控這行業包含了各式各樣的職種，在本書中，則把所有音控圈的從業人員統稱為「PA 人員」。PA 人員的工作離不開 PA 器材（麥克風、喇叭、控制器材等），但光把心思放在器材上，沒辦法把工作做好。表面上看起來像是靠 PA 器材吃飯，但實際上 PA 人員的工作，其實是處理「聲音」與「音樂」。

　　我們看不到也摸不到的「聲音」，常被以為是沒有實體的事物，但我們更應該進一步理解「聲音」，絲毫不能輕忽懈怠。首先，讓我們從對「聲音」的思考、聲音的性質與處理方式學起。

◀▼ PA人員工作的狀態

02 ▶ 為什麼我們會聽得到聲音？

　　「聲音」是什麼呢？「聲音」是一種能量，這種能量可以透過介質傳遞（又稱「傳導」）。如果將「聲音」從抽象的概念改稱為「聲波」，更能表現能量的性質。

　　當然，聲波無法在沒有空氣的太空中傳導。即使人類移民太空，也不可能在太空開演唱會吧？此外，在電影動畫裡出現的太空戰爭，常會有各式各樣誇大的雷射槍聲、破壞聲、爆炸聲，事實上，那些聲音在太空是完全聽不到的。發生在太空的戰爭，是完全不會發出聲音的（圖②）。

▲圖②　太空的戰鬥沒有聲音

　　那麼，介質只有空氣一種嗎？其實除了空氣以外，聲波還可以透過纖維、木材、橡膠、金屬、液體等各種介質傳遞。但是除了少部分特殊條件以外，本書只講解空氣中傳遞的聲波。這當然是因為我們是在空氣中、而非水裡從事音控工作。

　　我們又是如何聽到聲音的呢？就像大家都知道的，聲波從外耳造成耳膜的振動，並傳進耳膜內側充滿空氣的中耳。這些振動，再透過合稱「聽骨鏈」的三種骨頭（錘骨、砧骨、鐙骨），傳遞到內耳充滿

淋巴液的耳蝸裡。

　　淋巴液中的幾萬根鞭毛，將各自的振動轉換成聽覺細胞的神經脈衝（放電）後，傳至大腦。藉由這樣的轉換，我們才能把聲波辨認成各種聲音（**圖③**）。連聆聽這種單純的行為，原來也需要經過這麼複雜的過程。

　　接著，讓我們思考這個聲波的傳遞方式。

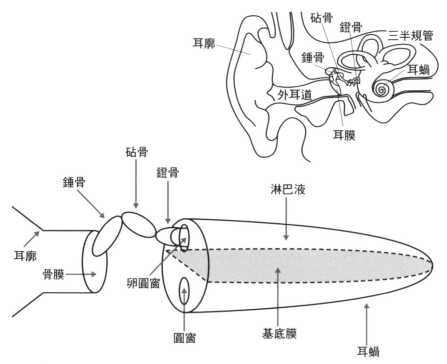

▲**圖③**　人類內耳的構造

03 ▸ 聲波的傳導

　　既然前面已經提到「聲波透過介質傳導，我們才聽得到聲音」，那麼聲波又是如何傳播的呢？透過下面的說明，讀者應該可以更了解聲波的傳導。

當物體振動，便會產生「聲音」（聲波）。這時候發出振動的物體，就稱為「發音體」，而發音體振動時發出的聲波，則稱為「聲源」。

聲源散發出來的聲波，往空氣的上下左右擴散，形成一密一疏的波型。這裡所提到的「一密一疏」，是由高低空氣密度組合而成。換句話說，就是低氣壓與高氣壓的交互出現。這裡出現的疏密波動，我們稱為「球面波」。

請想像球面波的剖面：一顆小石頭丟入水面，形成的波紋就像是不斷擴大的同心圓。球面波就是聲波在三度空間下擴散的現象。

以球面波型態發散的聲波，從彈珠大小的小球體開始，逐漸變成乒乓球、棒球、足球、海灘球的大小，在空中傳播開來。當聲波變成很大的球體時，表面就更接近平面。所以，最後會變成以平面傳遞的波動，也就是所謂的「平面波」（**圖④**）。

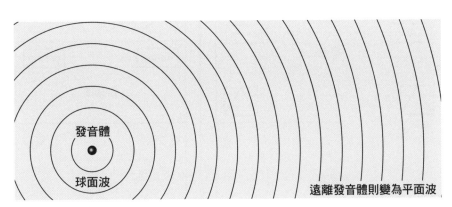

發音體

球面波

遠離發音體則變為平面波

▲**圖④**　球面波與平面波

04 ▸ 一樣的音場、不一樣的音場

一般的大氣壓是 1013hPa（百帕），普通人可以聽到的最小聲波則是 20μPa（微帕）。也就是說，耳膜可以感受大氣壓一千萬分之二（0.00002%）的壓力。我們可以說，耳朵的功能就是透過感應微

小的壓力，把微小的能量傳達到腦部。所以千萬記住，理解聲音的物理特性，是成為一流音控人員的第一步。

　　而空氣的成分中，有 78% 是氮氣，21% 是氧氣，剩下的 1% 氣體之中，氬大概占 0.9%，二氧化碳約 0.03%。所以我們在一場演唱會裡聽到的音樂，主要透過氮氣傳達。如果有一天，人類在外太空某個星球舉辦演唱會的話，星球上的空氣成分，或許會改變人們欣賞音樂的方式吧？

　　言歸正傳，聲波傳播的場所，我們稱為「音場」。現場演唱會的演奏具有相同的音場，稱為「同音場」。另一方面，在類似錄音室、控制室分離的空間，則稱為「異音場」（圖⑤）。在演出現場常常出現的回授音（howling），更是在同音場之中才會發生的現象。

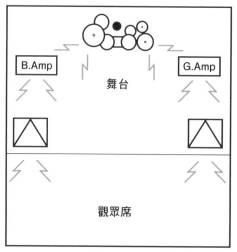

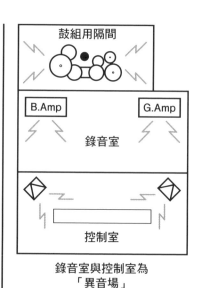

▲圖⑤　音場的不同

　　將具規則性的聲波在傳遞空間中，其疏密波的經過時間與疏密壓力做成圖表，會成為圖⑥的型態。這種波形我們稱為「正弦波」

（sine wave，參照第 24 頁），也是廣播報時等場合使用的最基本聲音波形。這是一種很重要的波形，一定要記住。

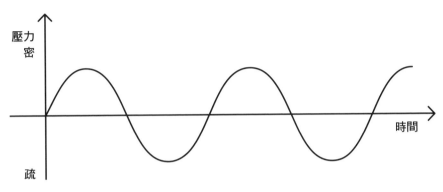

▲圖⑥　正弦波的波形

05 ▸ 聲波的傳遞速度有多快？

　　前面提到聲波靠介質傳導，那麼傳導速度又有多快呢？

　　就如同我們在日常生活中所見，音速比光速慢很多。有志成為音控的人，可能都曾經去過巨蛋、體育場之類的場地看過演唱會。當那些樂手的演奏畫面被投射在巨大銀幕上的時候，你是否也有因為與實際的演奏音不同步，而有不可置信、甚至不愉快的經驗呢？這時候就可以證明，光速傳來的影像與音速傳來的聲波，在速度上有多大的落差了（圖⑦）。

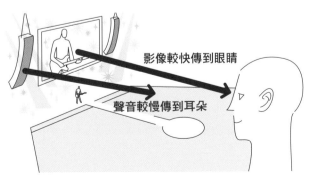

影像較快傳到眼睛

聲音較慢傳到耳朵

◀圖⑦　巨蛋等級的演唱會場地，可以感受到光線與聲音傳遞速度的不同

在這本書中盡可能不出現數學公式，但由於日後一定會派上用場，所以請趁這個機會重新記住。本書出現的所有公式，都只有中學程度，請各位大可以放心，不必排斥……

表示聲波速度（音速）C 的公式：

音速(m/s)：C＝331.5＋0.6t

t ＝攝氏溫度(℃)

「m/s」表示了一秒（s＝sec.＝second）前進幾公尺（m），也就是「m/秒」。讀法則是「meter per second」或是「每秒～公尺」。此外，t 表示了攝氏溫度，我們可以理解是溫度的條件。簡單來說，這個公式就表示了聲波在某種氣溫下，一秒可以移動幾公尺，是一種非常重要的算式。

一般都說聲波每秒前進約 340 公尺，在實際環境中又如何呢？我們以攝氏 15 度為例，試算出聲波的速度：

C＝331.5＋0.6×15＝331.5＋9.0＝340.5

算出來的結果，大致就是 340m/s。今後我們也常常用到「聲波在 15℃ 時秒速 340 公尺」這個數值，請各位讀者記住。

如果把音速換算成時速，又會變成什麼樣子呢？

各位讀者出國搭飛機時，是否注意過放在機艙座位背後的小冊子？通常上面會標示飛機的飛行速度，會有類似 0.85 馬赫（0.85 MACH）的標示方法，而「馬赫」就是計算聲波時速的單位。

340m×60秒×60分＝1,224,000m＝1,224(km/h)≒1,200(km/h)

所以，聲波的時速大約是 1,200km。

換言之，「一馬赫≒1,200km/h」，而「km/h」的「h」，當然就是「小時」的英文「hour」了。

就算對秒速 340 公尺這數字沒有太大的感覺，一講到時速 1,200 公里，就知道是比新幹線或 F1 賽車更快的速度了。但是光波或電波以每秒 300,000 公里的速度前進，與聲波比較，是約 300,000km/s 與約 340m/s 的差異，對比就非常清楚了。

光、電波：300,000（km/s）＝ 300,000,000（m/s）
聲波：340（m/s）

例如在夏天打雷的時候，一定是先看到閃電，幾秒後才傳來雷聲。如果閃電發生三秒後才聽到雷聲，閃電的來源就在 340（m/s）×3（s）＝1,020（m），也就是大約一公里的高度。

那麼，閃電「啪！」跟雷聲「轟隆！」幾乎同時出現的場合，又是從多遠傳來的呢？假設兩者只差 0.1 秒，就是 340（m/s）×0.1（s）＝34（m），也就是說，閃電剛剛才從我們的身邊爆發（真可怕呀）。

透過以下的公式，我們應該可以想得出，溫度愈高，聲音傳導愈快的道理吧？

0℃：約332m/s　　　35℃：約352m/s

15℃：約340m/s　　　45℃：約358m/s

25℃：約346m/s

06 ▶ 頻率是振動的次數

頻率是聲波每一秒的疏密次數。我們可以想像成發聲源每秒鐘的振動次數，也就是發聲體每一秒鐘的振動次數。那麼，用什麼來解釋這個「次數」呢？

要讓大型物體振動，當然需要足夠的施力，移動起來也很困難。這些大東西不擅長振動，就算有，也只能慢慢地振動。而且振動的時候，也只會發出低頻。換言之，就是每秒振動次數少的聲音，疏密變化少的聲波，就發出低頻。例如低音大鼓、低音提琴或巴頌管之類的大型樂器，都能發出低音（圖⑧）。

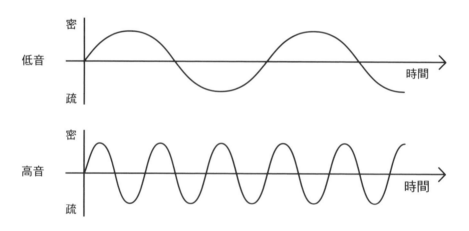

▲圖⑧　低音與高音振動頻率的不同

小物體相對而言就比較容易振動，相同時間內也能發出比較多的振動數，所以能發出更多的疏密波。類似短笛、三角鐵、鈴鐺或陶笛等樂器，都能發出比較高的聲音。

PA 系統中使用的喇叭，也把播放低音域用的單體放在較大的音箱中，以便發出較低的音頻。而播放高音頻的喇叭單體，則做成比較小的尺寸，因此音箱體積也會做得比較小（圖⑨）。

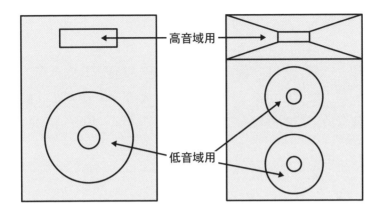

▲圖⑨　低音單體與高音單體

綜合以上條件，我們可以了解：

●疏密波數少（振動次數少）→低音

●疏密波數多（振動次數多）→高音

　而頻率又以「f」表示，是英文字 frequency 的簡寫。頻率的單位則是 Hz（赫茲），一秒振動一次就是1Hz，一秒振動十次就是10Hz，1,000 次就是 1,000Hz（＝1kHz）。

07 ▸ 可聽頻率上下限

　那麼，人耳可以聽到多高、多低的聲波呢？世界任何人種，二十歲左右的正常人，通常都可以聽到正弦波 20Hz 至 20,000（20kHz）的聲音。換句話說，能聽見每秒振動20次至 20,000 次的聲波。

　而近年的研究又指出，類似葡萄酒杯破裂或氣球爆炸等，具有許多脈衝成分的聲波，裡頭含有相當多 50kHz 或 60kHz 的超高音波，甚至也包含了像和太鼓可發出的 100kHz 以上的音波，而人耳也能感覺出這塊音域的脈衝（雖然聽覺與感知的差別研究，仍屬於未成熟的領域，卻很值得深究喔）。

接下來，要談談頻率與音樂的關係。

你聽說過「八度音」（octave）這個名詞嗎？在音樂的領域裡，是很基本的常識。一個低的 Do 與高的 Do 之間，就有「八度音高」的關係。那麼，在「聲音的世界」裡，八度音又象徵著什麼呢？其實高一個八度，就等於兩倍的音頻，低一個八度，等於1／2（一半）的音頻（**圖⑩**）。

● 高一個八度　→　頻率的兩倍
● 低一個八度　→　頻率的1／2（一半）

在本書中，將會常常出現這樣的關係，請趁現在牢牢記住。

令人難過的是，隨著年齡的增長，人會漸漸聽不到聲音，尤其是高音域的部分，在音壓不足時更難聆聽清楚。這是因為內耳的聽骨鏈或耳蝸的老化，也就是功能的退化，而產生無法像年輕時正確傳達聲音的現象。

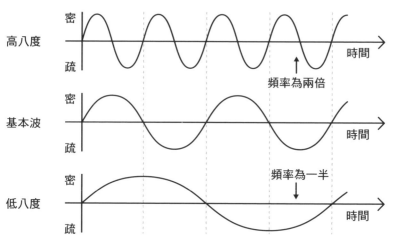

▲**圖⑩**　頻率與八度音的關係

08 ▸ 聲波的長度稱為波長

　　聲波的疏密周期，也就是從振動開始到結束的長度，稱為波長。請想像成聲波在一個周期間進行的距離（**圖⑪**）。振動次數愈多，頻率則愈高；波長愈短的音，就可說是頻率愈高的音。反之，頻率愈低的音，波長則愈長。在圖表中，曲線最高點到最高點，或是最低點到最低點的長度，在專業術語上，稱為「同相位關聯」。

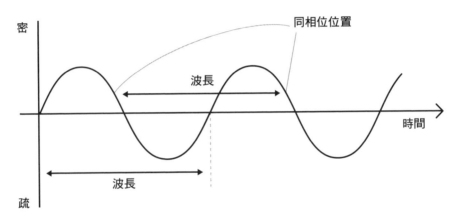

▲**圖⑪**　振動從開始到結束的距離叫做波長

　　波長以希臘字母「λ」（lambda）表示，單位為公尺（m）。音速 C（m/s）與頻率 f（Hz）之間，可以形成以下的公式：

$$\lambda = C/f \text{（m）}$$

　　換言之，波長就是音速與頻率相除的結果。這個公式也可以寫成 C＝λf（m/s）或 f＝C/λ（Hz）。不知為何，與後面將提到的歐姆定律很像。
　　接下來，讓我們試算可聽頻率的範圍。
　　首先讓我們求出 20Hz 的波長 λ。

$$\lambda = C/f \ \text{而} \ \ C = 340 \ (m) \ \text{、} \ f = 20 \ (Hz)$$
$$\lambda = 340/20 = 17 \ (m)$$

那麼，20,000Hz 的波長 λ 又是多少呢？

$$\lambda = C/f = 340/20,000$$
$$= 0.017 \ (m)$$
$$= 1.7 \ (cm)$$

經過計算可知，人類的耳朵（聽力），可以聽到從 17m 至 1.7cm 的疏密波波動。而這個波動的能量，也只有氣壓的 0.00002% 而已。能聽到這麼微小的聲音，真是不可思議呀。

另外，就音樂而言，人耳又能聽得到多大範圍的聲音呢？這裡我們以頻率來試算。

高一個八度的頻率是原來的兩倍，那麼 20Hz 的高八度就是 40Hz，再高八度就是 80Hz，以此類推，則可以算出 160Hz→320Hz→640Hz→1,280Hz→2,560Hz→5,120Hz→10,240Hz→20,480Hz（圖⑫）。

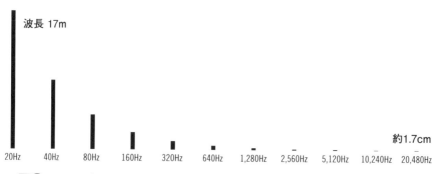

波長 17m

約1.7cm

20Hz　40Hz　80Hz　160Hz　320Hz　640Hz　1,280Hz　2,560Hz　5,120Hz　10,240Hz　20,480Hz

▲圖⑫　20Hz 與 20,000Hz 之間有多少個八度音？

中間有幾個八度呢？沒錯，人耳可以聽得到大約十個八度音域的「聲波」。

音樂的世界裡，最基本的音高是 A＝440Hz，所以調音都以這個頻率為基準。但是最近也有愈來愈多的音樂家，以 A＝441Hz 或 A＝442Hz 為調音基準。音樂家之間會直接稱為「四四一」、「四四二」。

區區 1Hz 或 2Hz 的不同，就能讓音樂全體聽起來更為明朗，令人心情更加愉快，或許這就是人會愈來愈喜歡音樂的原因吧。

而把一個八度音分為十二等分（平均律），音階的 Do（C）、Re（D）、Mi（E）……等稱呼，則是「音名」。再複雜的音樂，都是不同八度裡的十二個音與休止符的搭配。音樂可以表現出喜悅、悲傷、感動，透過小小的「音波」能量變化，即能表現出人生的各種奇妙與美好，所以大家更應該多多學習，以成為優秀的音控人員。

09 ▸ 振幅表示聲波的大小

振幅，指的是疏密波高低間的最大幅度（圖⑬）。如果用圖表表示這個數值，應該更能看出疏密波的高低差。

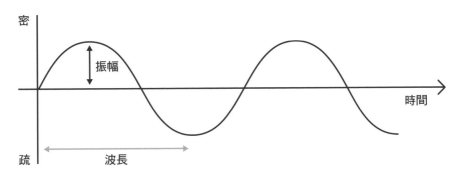

▲圖⑬　振幅是指疏密波高低間的最大幅度

疏波略低於大氣壓，密波則比大氣壓略高。假如敲響一面大鼓，鼓皮發生很多振動的時候，振幅也跟著變大。又像是鋼琴的弦，在彈奏強音的時候，也振動得愈激烈，所以振幅也愈大。也就是說，大振幅下聲波的能量會變大，小振幅下聲波的能量會變小。此外，振幅也表示聲波的深度，看了圖表會比較好理解，即上與下的幅度。

一般來說，振幅的幅度愈大，會感到愈大的音量。但是人耳是一種奇妙的器官，聽到的音量也會隨著頻率變化。所以，即使振幅一樣，頻率不同的音量，聽起來也不一樣。後面將會詳細說明這個原理（請參照第39頁）。

10 ▶ 音色（音質）的意思

持續音的特徵，是可以由音量大小、音高與音色（音質）判斷，而這三種條件又被稱為「聲音三要素」（另外補充，所謂音樂的三要素，則為節奏、旋律與和聲〔Harmony〕）。一般而言，音量大小以振幅表示，音高也可以透過波長表示，這些在前面都已經解說過了。那麼，音色（音質）又是怎麼回事呢？

以鋼琴發出的 440Hz 的 A 音，與相同音量下，吉他發出的 440Hz 的 A 音為例子說明：這種情況下，即使音量與音高相同，聽到的卻會是「不一樣的聲音」。由此可知，這兩個聲音在音色（音質）上都有所不同。

為了說明這個現象，我們必須回頭再看一次正弦波。事實上這種波形，是不存在於自然界的人工音響，又名「純音」，只有單一的頻率。也就是說，20Hz 的正弦波只有 20Hz 的聲音，20kHz 的正弦波也只有 20kHz 的聲音，是非常純粹的聲音。

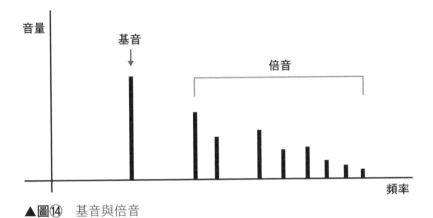

▲圖⑭　基音與倍音

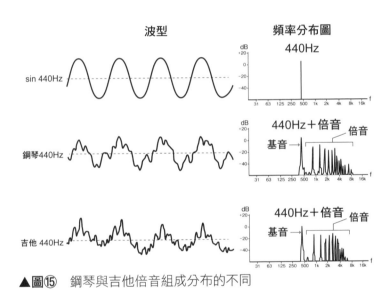

▲圖⑮　鋼琴與吉他倍音組成分布的不同

　　另一方面，自然界存在的聲音，則包含了各式各樣的音頻。其中決定音高的音頻，稱為「基本波（基音）」，其他的組成音則為「倍音」（圖⑭）。也就是說，自然界的聲音，就是由各式各樣的正弦波混合組成，而組成倍音的混雜程度不同（在此稱為倍音組成），也會決定音色（音質）。如果以剛才的例子來看，吉他與鋼琴的音色，便是倍音組成上的不同（圖⑮）。人耳之所以能分辨音色（音質），就

是靠聲音中的各種頻率的純音，以及各種音頻振幅的分布去辨識。有個相關的定律稱做「歐姆—亥姆霍茲定律」（Ohm-Helmholtz's Law），這個定律是指，當人聽到聲音，即使可以分辨出各種頻率的純音，以及振幅的組成分布，卻無法聽出純音之間的相位關係。

通常基本波的二倍、四倍……之類偶次倍音，會帶來華麗的感覺；而三倍、五倍……之類的奇次倍音，則會給人刺耳、嘈雜的印象。所以我們可以從一個音頻的偶次倍音較多，還是奇次倍音較多，去大致分辨各種音色。

如果對倍音進行科學分析，通常會採取快速傅立葉轉換（Fast Fourier Transform; FFT）技術。用這種方式，就能找出各種音頻基音與倍音的總和。在音控現場，也常以快速傅立葉轉換測量音場（**圖⑯**）。有許多電腦軟體，也能執行這種演算，可說這是一種與音控息息相關的分析技術。

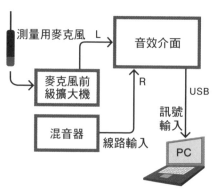

◀**圖⑯** 使用快速傅立葉轉換技術的音場測量示意圖

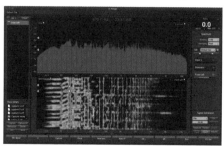
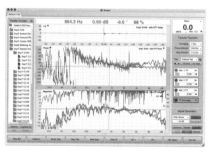

▲以rational acoustics Smaart v8測定的範例（Smaart v8主視窗）

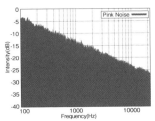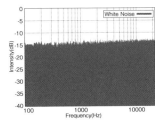

◀測出的粉紅色噪音（左表）與白色噪音（右表）的示意圖

11 ▸ 聲波的性質

在這一節裡，我們要解說聲波的各種性質。因為是音控現場必須理解的知識，希望各位讀者能熟記。

■反射

聲波與光一樣，具有碰到硬牆壁等固體就反射的性質。因為聲波是直線前進的性質（直進性），當碰到牆壁，會以與接觸壁面時的角度（入射角），其相同的角度（反射角）反射出去。此外，從音源出發後不發生任何反射的聲音，稱為「直接音」；經過牆壁等物質反射到達的聲音，則稱為「反射音」（**圖⑰**）。

當反射音傳遞的距離愈長，聽起來會像兩道聲音重疊，這種現象則被稱為「回音」（echo，**圖⑱**）。「空谷迴音」就是自然回音的代表。此外，在兩面堅硬牆壁之間的聲波，具有獨特的音響特色，我們稱為「共鳴回音（flutter echo；又稱抖動回音）」。在一個長方形空間裡大聲拍手，在聲波不斷反射的過程中，特定的頻率會被強調，而形成特別的聲響（**圖⑲**）。

相對於共鳴回音，聲音也會因為在不同位置反射回傳，而留下許多反射音，這就是所謂的「殘響」（reverberation）。當聲音突然停止，留在空氣裡迴盪的聲音就是殘響了。殘響會隨音響空間的不同，而擁有各種不同的特徵。殘響消失的時間稱為「殘響時間」（正確來說，是 500Hz 的音頻衰減到 1/1,000〔-60dB〕所需的時間），通常演

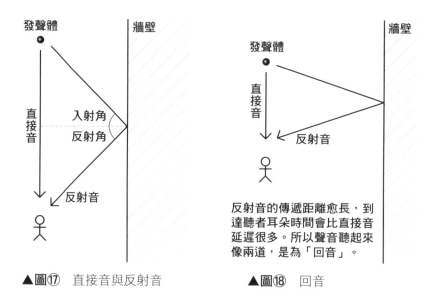

▲圖⑰　直接音與反射音　　　　　▲圖⑱　回音

奏古典音樂的演奏廳或大型場館的殘響時間較長，演奏搖滾樂等類型的小型空間則比較短。我們又將殘響長的空間稱為「活」（live），殘響短的空間稱為「乾」（dead）。除了殘響空間以外，殘響的音質也會因牆面的材質產生變化，都證明了空間與殘響之間極為密切的關係。

　　回音與殘響是音控的兩大代表效果音，回音表現的是「空谷回音」，例如「喂、喂、喂、喂……」；而殘響表現的則是「迴盪的聲音」，例如「喂——」。想必各位讀者已經在各種場地體驗過殘響與回音，以後不要再分不清了。

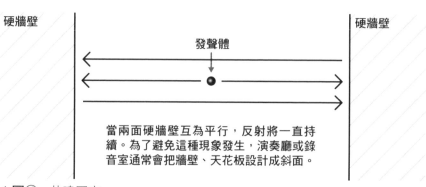

▲圖⑲　共鳴回音

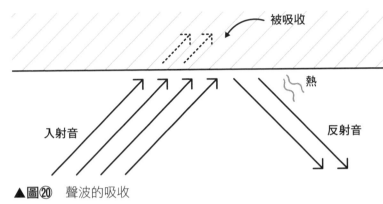

被吸收

熱

入射音

反射音

▲圖⑳　聲波的吸收

■吸音

　　當聲波通過一個物質或反射的時候，其中一部分能量會被物質吸收，這種現象我們稱為「吸音」。被吸收的聲音，會變成熱能從吸音物質放出（圖⑳）。

　　聲波被吸收的程度（吸音率），可由以下公式表示：

　　吸音率＝被吸收聲波的能量／入射聲波的能量

反射率則是吸音率的反義詞，表示一個物體會反射多少聲波。

　　反射率＝（入射的聲波能量－被吸收的聲波能量）
　　　　　　／入射聲波的能量
　　　　＝1－吸音率

　　世界上充滿了各種具有不同吸音率與反射率的物體，用吸音效果強的材料，可以製造出吸音材。使用吸音材可以調整空間的聲響特質，在規劃錄音室或展演空間的時候，是很重要的一種設備。通常，吸音材分為玻璃纖維或聚氨酯（polyurethane；PU）泡棉等材質的多

▲技研興行製造的PU吸音楔板

▶SONEX ProSpec SPF1 是兼具隔音功能的吸音材

孔質吸音材，或是合板、石膏板之類，能透過振動吸收聲波能量的振動吸音材，還有以合板或石膏板的小孔吸收聲波能量的共鳴吸音材等。低頻不容易吸音，所以必須把筒狀的玻璃纖維吸音材「低音陷阱（bass trap）」掛在牆角。

　　身為音控技術人員，通常會在沒有觀眾的展演場館彩排，觀眾區的吸音率低，聽到的聲音殘響度會比較高。但是正式演出時觀眾進場後，吸音率也會跟著提高。這是因為聲波被觀眾身上的衣服吸收，或是由觀眾身上不定向反射出去，才使得吸音率提高。所以，試音與正式演出的音色才會不同。一個經驗老到的音控師，就會因應現場條件控場。此外，季節也會影響吸音率，所以即使是相同的場地，也會有不同的音控方式與操作手法。讀者不妨自己想想，夏天與冬天吸音率的不同，是如何產生的？

■隔音、穿透

　　「穿透」則是聲波抵達牆壁等物質後，穿過物質的現象（圖㉑）。我們將這些穿過牆壁聲波的能量比率，稱為「穿透率」。

　　　穿透率＝穿透聲波的能量／入射聲波的能量

　　而物質阻擋聲波穿透的現象則稱為「隔音」，不讓聲波穿透的比率，則稱為「隔音率」。隔音率與穿透率的關係，跟反射率與吸音率一樣，兩邊的總和就是原來的能量值。

　　　隔音率＝（入射的聲波能量－穿透的聲波能量）

　　　　　　／入射的聲波能量

　　　　　　＝1－穿透率

　　就像吸音材一樣，高度隔音效能的材質，也會被製造成「隔音材」。隔音材也是錄音室與展演場館規劃上，不可或缺的材料。此外，隔音率是質量的平方與頻率的平方的比率。換句話說，愈重的材質隔音效果愈強，對愈高的頻率也愈有隔音效果。我們在現場展演空

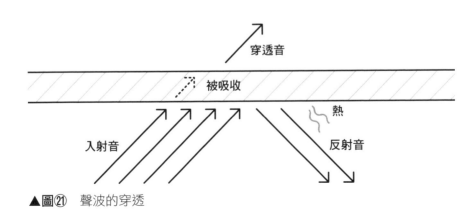

▲圖㉑　聲波的穿透

間外面常常可以聽到低音,就是場館牆壁只能隔絕高音的緣故。

　　然而,「防音」時常與隔音混為一談。所謂的防音,是防止聲音從外面進入;隔音則是防止室內的聲音外漏。希望各位不要搞混。

■繞射

　　即使聲波在前進方向遇到了障礙物,也可以繞路前進(**圖㉒左**)。當障礙物中間有縫隙,也可以穿過縫隙繼續擴散,這也是聲波具有的性質之一(**圖㉒右**)。這種現象我們稱為「繞射(diffraction)」。

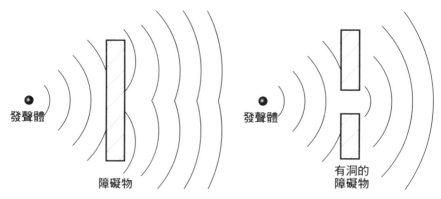

▲圖㉒　聲波繞過障礙物前進

　　只不過,繞射的性質依照頻率而異,頻率愈高聲波愈直。低音比高音容易擴散,也更容易產生繞射。一般如果有大小超過波長1/2的障礙物,就成為比該頻率更高音頻的障礙物(**圖㉓**)。

　　如果站在外場喇叭後端,即使貝斯與大鼓的聲音聽得一清二楚,主唱與吉他的聲音則變得很模糊。這就是因為波長較長的低頻,比波長短的高頻更容易繞到喇叭四周,我們才只聽到隆隆低音。這就是繞射現象的性質。

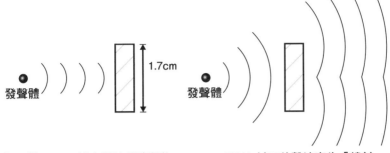

1.7cm

發聲體

發聲體

能阻擋 10kHz 以上聲波的障礙物　　10kHz以下的聲波產生「繞射」

▲圖㉓　不同頻率的不同直線前進性

■折射

　　聲波也像光波一樣,具有在水面下折射的性質。只要是介質形成變化,就會發生折射的現象。

　　那麼,一樣的空氣之中,也會產生這種現象嗎?其實,只要空氣中具有溫度差,聲波就會從溫度較高處折射到溫度較低的地方(圖㉔左)。而聲波也會因為空氣的速度差(風速)而形成折射(圖㉔右),會從風速快處往風速慢的方向折射。簡單說來,就是音速會因為溫度與風速改變。

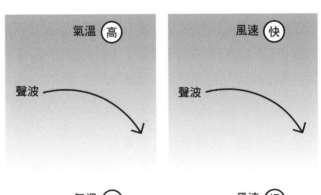

氣溫 高　　　　　風速 快

聲波　　　　　　聲波

▶圖㉔　氣溫與風速影響聲波的傳導

氣溫 低　　　　　風速 慢

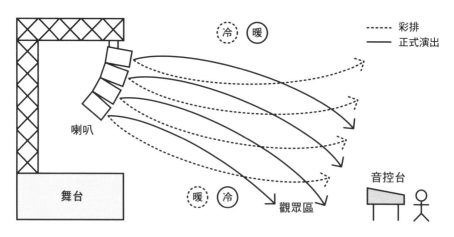

▲**圖㉕**　戶外演唱會在彩排與正式演出時的氣溫差

　　一般在室內演出不會注意這類變化，但在戶外演出的時候，就必須留意外場喇叭的擺放位置。像是夏季的戶外演唱會上，白天在直射日光下彩排的時候，柏油路的溫度高達攝氏 45 度，懸吊喇叭高度 10m 的溫度可能只有25度。聲波在這種條件下，一定會從溫度較高的地面折射到溫度較低的上空，所以在音控台後面的位置，將聽不到什麼聲音（**圖㉕**）。但是當太陽下山後，晚上正式演出時，地面的溫度又會下降，所以聲波就能清楚地傳到音控台了。只要我們能明白聲波的折射性質，不管是試音、排練或正式演出，在理解場地條件與天候的前提下規劃 PA 系統，才能提供觀眾最好的聲音。所以溫度造成的聲波折射，也是將來規劃戶外搖滾演唱會現場音控，或是 PA 系統設計規劃時，一定要注意的環節。

12 ▸ 音壓、音壓水平、音量

　　「音壓、音壓水平、音量」是平時常用的名詞，卻也常常被人混淆。想必一定有很多人把這三種數據混為一談吧？在此，一一仔細說明。

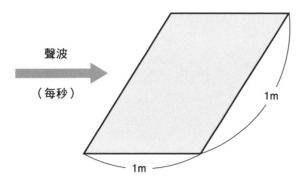

$$I = P^2 / \rho\, C\, (W/m^2)$$

P：音壓的實際值（Pa）
ρ：無聲時的空氣密度（kg/m³）
C：音速（m/s）

▲圖㉖　音壓是疏密波一秒間通過1m²面積時的能量

「音壓」指的是聲波的強度。較學術的說法，就是空氣在每秒通過一平方公尺面積的能量（圖㉖）。單位是 I，以「W／m²」表示。既然「音壓是聲波的強度」，換句話說，與音源的振幅大小是同一回事。不妨回顧一下前面的說明：空氣中傳播的聲音，就是氣壓的微小變化。

而人耳又能聽到多大、多小的聲音呢？人耳可聽到的最小音量（最小可聽音壓水平），前面已經提過，是 20μPa。再將這個氣壓變化值當做基準，把聲波產生幾倍的氣壓變化，以 dB（分貝）表示，就是所謂的「音壓水平」。我們將 20μPa 當做 0dB，以相對的方式計算音壓。而人耳能承受的最大音量，一般認為落在 120dB 左右，超過這個數值的音壓，會帶來精神上的痛苦。然而，近幾年的搖滾現場演奏、展演空間或舞廳裡，也測出 130dB 以上的音壓水平。只要是音樂的元素，或許可以減輕感官上的痛苦。最近的 PA 音響系統，也愈來愈容易播放出大音量，導致在音控圈或音樂圈的一部分人之間，出現「能做出大音量的音控，就是好音控」之類的錯誤想法。再怎麼說，音控人員都是音樂的呈現者，尤其本書的讀者更不應該搞錯。

再者，音壓與音量是兩回事。如果音量是表示聲音大小的感覺，音壓就是聲音強度的物理表現。我們以 dB 做為測量音壓的單位，以

Phon（方）做為音量的單位。以 70dB 播放 1000Hz 的正弦波，聽得到相同的音量是 70 Phon。但人耳具有一種特質，就是不同的頻率，在音量上會產生變化。所以，跟上述 70dB、1000Hz 聽起來一樣大聲的音量，會因頻率改變有所差異。所以嚴格來說，不同頻率在同樣 70dB 的音量下，會有不同的響度（詳見後面第39頁的「響度效應」）。

此外，一般人耳可以感覺出 2dB 的音壓差（也依頻率或音樂有所不同）。另一方面，專業的音控人員或音樂家，甚至可以憑聽力分辨出 0.5 到 0.3dB 的音壓差。靠音樂吃飯的人果然不同凡響啊。

13 ▸ 噪音的定義

通常，我們會把所有刺耳煩人的聲音都稱為「噪音」（圖㉗），而實際上，又如何界定噪音呢？

根據日本工業標準（JIS），噪音的定義是「不願聽到的聲音」。那麼對於演奏者而言，只要是他們想要的聲音，再吵雜的電吉他音色都不算噪音。但是，對於想在安靜場合用功讀書的人而言，即使是小音量的古典音樂，都算是「不願聽到的聲音」，也就是噪音了。這兩個例子都屬於比較極端，並不表示筆者不喜歡電吉他跟古典音樂，請讀者想像，因聽者不同，有的聲音聽起來是音樂，而有的就變成了噪音。

另外，還有一種名詞叫做「背景噪音」，像是大型展演空間或錄音室沒有演奏時，可聽到的空調聲、外面傳進來的聲音、建築物內部的振動等雜音，都是所謂的背景噪音。即使人耳感受不到這些聲音，儀器卻能測量出聲音的數值。例如寧靜的住宅有 40dB，錄音室則有 20dB 的聲音。

此外，也有一種隔間是完全沒有聲音的，可以從事各式各樣的測量與實驗，我們稱為「無響室」。

dB	pa	聲音	伴隨生理痛苦的聽力損害
150dB	20µpa (基準)		
140	200pa	在噴射機引擎旁	
130			
120	20pa	搖滾樂現場演出	
110		飛機起降時	
100	2pa	高架橋下	
90		現場展演空間 演唱會現場	非常刺耳
80	0.2pa	地下鐵列車內	
70		印表機的聲音	刺耳
60	0.02pa	汽車內部（40km/h）	
50		一般辦公室	普通
40	0.002pa	住宅區（白天）	
30		寧靜的住宅	安靜
20	0.0002pa		
10		正常呼吸聲	極端安靜
0	20µpa	可聆聽最小值	

▲圖㉗ 噪音等級

14 ▸ 什麼是NC值（Noise Criteria Curves）？

　　「NC 值」是表示噪音下可以聽清楚多少對話的比率，表示噪音與對話的關係。不僅可表示一個空間的安靜程度，也以頻率曲線顯示了話語的傳達程度與難易度（圖㉘）。測量方式則以八度音分析法量化噪音做為縱軸標記頻段帶量，將各頻段量值記錄在 NC 曲線表上，求得各頻段最大值，即為該頻段的 NC 值。

　　NC 值愈小愈安靜，一般錄音室或播音室大致在 NC15 至 20 之間，會議室則在 NC25 至 30 之間。在 NC40 至 50 之間，普通的對話只能在兩公尺以內互相聽見，超過四公尺，則需要拉大嗓門才能勉強溝通。

　　有時候用電話也不容易對話。在 NC55 以上的環境，因為非常喧鬧，連電話裡對方的聲音都沒辦法聽清楚。

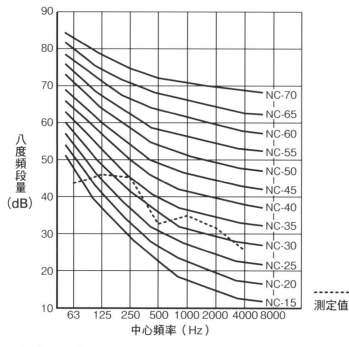

▲圖㉘　NC值

15 ▸ 關於心理聲學

　　前面介紹的都是聲音的物理特性，但實際情形又常常與理論差距很大。我們的耳朵理論上應該很容易聽到聲音，但人類的耳朵實在是很麻煩的一種器官。人的耳朵（其實是大腦）如何認出各種聲音，是「心理聲學」的研究內容，至今仍然不斷被研究中。例如有時候我們不會發覺一些聲音，有時候卻對音程的變化特別敏感，甚至會聽到一些原來沒有的聲音……人耳常常會發生各種奇怪現象，如果能掌握這種捉摸不定的特質，我們才有可能在音樂的領域掌握到專業。一般人的耳朵「聽得到聲音」，專業人員則必須具有「分得出聲音」的耳朵。

　　在日常生活中，我們常常在不知不覺間體驗到「心理聲學」的現象，卻沒有學習的機會。如果能學習心理聲學，則能透過其中法則，成就出更完美的現場演奏，甚至能在不同的場地，也能重現出同樣的音樂、同樣的演奏，也就是為現場聽眾帶來「好的聲音」。能做到這點，才夠格被稱做真正的專業音控師。

■響度效應（loudness effect）

　　前面已經提到「音壓、音壓水平、音量」，但音壓與音量其實是兩回事。與 1000Hz、70dB 的正弦波一樣大聲的音量是 70Phon，但是不同的頻率下，同樣音壓的正弦波卻有不同的音量。如果測量出每個頻率的正弦波聽起來一樣大聲的數值，就可以做出「羅賓遜—達德森等響度曲線（Robinson-Dadson curves；等感曲線）」表（圖㉙）。

　　如果以 70dB＝70Phon 為例，在 60Hz 左右的頻率高了 9dB 成為 79dB；在 8,000Hz 左右的頻率則高了 8dB 成為 78dB，這些頻率聽起來都像相同的音量，不過在 3,500Hz 時，則下降了 9dB，「等感」音壓在 61dB。

　　此外，音量也會影響我們聽到的聲音內容。在 40Phon 的音量

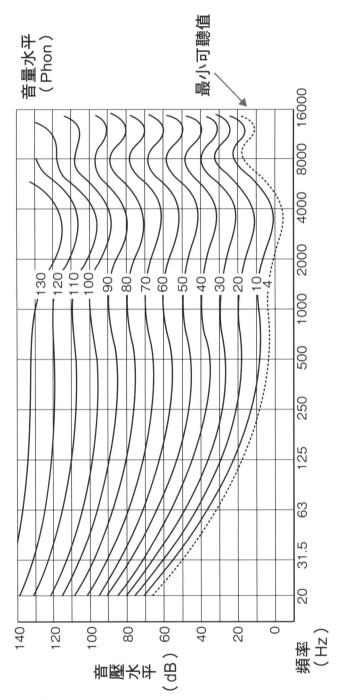

▲圖㉙ 等感曲線

下，60Hz 左右的聲音必須加強 16dB，聽起來才會一樣大聲，比在 70Phon 更多了 7dB。這就表示音量變低，一樣的聲音聽起來就會不一樣。

例如，我們將人（直接從口中發出）的說話聲以較大的音量收聽，會覺得低音比較飽滿，聽起來比較粗。所以接近自然的音質，低音的比例必須更低。此外，以比實際演奏更低的音量聽音樂，會覺得低頻較薄。這時候如果將低頻調大，就可以得到跟實際演奏相同的高低頻。

如果不清楚以上的區別，便無法區別 85dB 以上的慢歌與 105dB 以上的快歌，在聽感平衡上的變化，而無法滿足現場聽眾，淪為一個差勁的音控。如果不想為自己的實力不足感到難過，不如現在就好好打好基礎吧。

■掩蔽效應

在安靜環境下聽得很清楚的聲音，在嘈雜的環境下可能會聽不清楚，就像暫時性的聽力下降一樣。我們把這種聲音干擾導致最小可聽音量上升的現象，稱為「聽覺掩蔽」（auditory masking），並以最小可聽音量「掩蔽效應」（masking effect）的程度，其測量出的數值稱為「掩蔽量」。

接下來讓我們看看掩蔽的各種特性。

(1)聲音干擾愈強，掩蔽量愈多

當兩組聲音音量有大小差距，音量大的聲音會蓋住音量小的聲音（圖㉚）。我們都知道大音量會蓋住小音量，這就是音量差的遮蔽效應。以音控實務操作為例，當主唱的音量太小，就會被周圍的音量掩蔽，所以必須在混音台（推桿）上把主唱音量推高（我們稱為「送大一點」）。

▲圖㉚　音量差造成的掩蔽示意圖（吉他音量太大，甚至會讓主唱聲音完全不見）

(2)愈接近聲音干擾的頻率，掩蔽量愈大

兩個頻率相近的聲音會互相干擾，變得無法分辨。如果以正弦波實驗就可知道，接近的頻率會讓聲音變濁，甚至分不清原來的兩種聲音。

在音樂的領域裡，一首曲子通常由各種樂器依照調性演奏，所以常常出現頻率相近的樂器音色糊成一片的情形。在執行音控時，必須時時留意這個現象。現場會使用的方法，包括等化器（equalizer）改變倍音要素，或是以短暫的延遲音（delay）效果等，使音色在相同音量下更為清楚。

(3)低頻會掩蔽高頻，高頻不會掩蔽低頻（圖㉛）

為了要說明這個現象，我們必須重提人耳的構造。前面已經提到，人是透過耳蝸管裡鞭毛的振動，感覺聲音。這時，高頻由接近管口的鞭毛負責，低頻由深處的鞭毛感應。換句話說，低音會傳遞到蝸牛深處，也會影響管口附近的鞭毛。另一方面，高音的振動無法傳至耳蝸深處，所以高頻無法掩蔽低頻。這樣解釋，還算清楚吧？

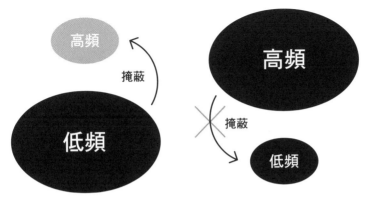

▲圖㉛ 低頻與高頻的關係

(4)即使不是同時發出的聲音，也會發生掩蔽現象

所謂「時域掩蔽」的現象，又可分兩大類。

首先，「超前掩蔽」是在掩蔽音停止時產生。

人耳需要在聲音停止約200ms後，才能感覺到聲音的停止。如果這時又出現別的聲音，本來已經消失的掩蔽音，則會對後面的聲音產生影響（圖㉜）。換句話說，本來已經消失的先行音，會蓋住後面較小的聲音。

另一方面，「滯後掩蔽」則是後發的大音量蓋住先前小音量的現象。這些現象都起因於神經受刺激後反應時間的延遲，在理解聽覺的動態性質，也是一種重要的現象。

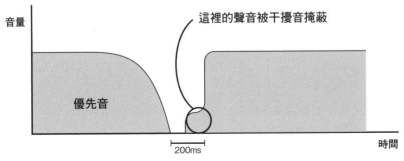

▲圖㉜ 超前掩蔽

(5)優先效應（哈斯效應）（precedence effect; Haas effect）

在解釋「優先效應（哈斯效應）」之前，要先解釋所謂的音像定位。在立體聲喇叭各自播放相同聲音時，聲音會出現在兩支喇叭的正中央（圖㉝）。讀者可能不難想像這樣的情景，但如果某個聲音，在沒有音響的情形下從正中間撲來，就變成匪夷所思的現象了。這種現象至今仍是聲學研究上的謎團，但基本上不是實際的音像，而是一種假想音像，也就是所謂的「虛音源」。

而聲音又要如何聽起來像是由兩側傳來呢？人耳其實可以由聲音傳達左右耳的時間差與音量差，分辨出聲音的方向性（圖㉞）。如果傳到左耳的聲音，比傳到右耳的聲音稍微慢一些，就是所謂「聲音從左邊出來」。當然除了時間差，也有可能是左耳離音源較遠，產生些微的音量差。

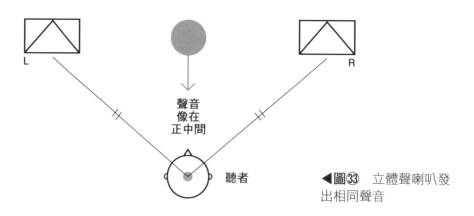

◀圖㉝　立體聲喇叭發出相同聲音

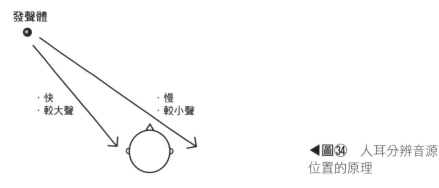

◀圖㉞　人耳分辨音源位置的原理

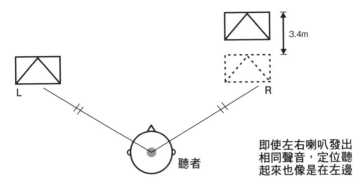

即使左右喇叭發出相同聲音，定位聽起來也像是在左邊

▲圖㉟　把右聲道喇叭往後移動3.4m

　　接下來，我們再以立體喇叭為例。前面已經提到，左右聲道發出相同訊號，會在音場正中央產生音像。如果我們把右聲道喇叭往後移動 3.4m，則聲音定位理應偏左（圖㉟）。這時候我們再把右聲道喇叭的音量調高 10dB，音像應該會偏右吧？可以由此理解，即使兩支喇叭音量相同，音像的定位還是會由先抵達耳朵的聲音決定，這就是所謂的「優先效應（哈斯效應）」。

　　這種現象常常運用於許多音控的場合（實際上會用數位延遲效果製造時間差，取代喇叭的移動）。當我們以數組喇叭或懸吊式喇叭播放演講內容，會藉此固定演講者的音像位置。如果音控把音場定位搖攝（panning，指定位方向左右移動）得太大，會讓場內不同位置聽到的音場都不一樣（圖㊱）。但是如果使用「優先效應（哈斯效果）」，可以不靠音場左右定位，就能製造出清楚的音場，以避免場內聲音的四散。

(6)雞尾酒會效應（cocktail party effect）

　　不僅是雞尾酒會（在日本應該是居酒屋之類的地方吧），在大音量的場所裡，我們從嘈雜聲、音樂與噪音中分辨出對方的聲音，並且與對方會話，這裡把人類挑出想聽的聲音的能力，稱為「雞尾酒會效應」。但是當我們播放一個環境錄製的聲音，卻可能發生無法聽清楚

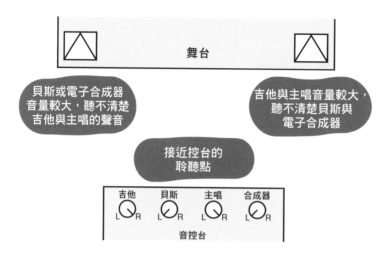

圖㊱ 留意盡可能讓演唱會場內每個位置聽到的聲音都一樣好

人聲的情形。所以電視台出外景的時候，必須把麥克風對準受訪者，否則只會收到街上的雜音。到現在為止，這種現象尚無具體的解釋。

在音控的領域裡，有時候在喜歡的藝人的表演現場，主唱的聲音即使很小，因為知道歌詞在唱什麼，就會有唱得很清楚的錯覺。同理，如果長期配合同一樂團的巡迴演出工作，音控師把詞曲都記得滾瓜爛熟時，就危險了。音控師必須像第一次聽這些歌一樣去執行，否則觀眾會抱怨主唱或獨奏段落太小聲。

此外，還有各式各樣關於聲學或聽覺的各種現象、理論、測量與實驗，但關於音控所需的基本理論，以上所述大抵足夠。如果還有搞不懂的地方，邊做邊學還來得及。希望各位讀者可以好好理解前面描述的各種理論。

PART 2

基礎電學

01 ▸ 關於電

本章的目的，主要是解說身為音控人員至少必須知道的用電知識。

PA 系統一定要有電才動得了。那麼，又應該用什麼樣的電呢？在一場現場演出裡，我們沒有聽說過唱到一半跳電，或是沒有電可以彩排之類的情形。為了避免這類慘劇的發生，音控又需要哪些基本知識呢？其實只要知道中學程度的電學理論，就足以應付音控的工作了。接下來就讓我們進入電學的世界吧！

一般而言，電流主要分成「交流電」與「直流電」兩種。交流電是電壓具周期性變化的電流，直流電則是沒有變化的電流（**圖①**）。

交流電又稱 AC（Alternating Current），大部分的 PA 系統都使用交流電源。東日本的東京電力供應的民生用電，基本上是 100V

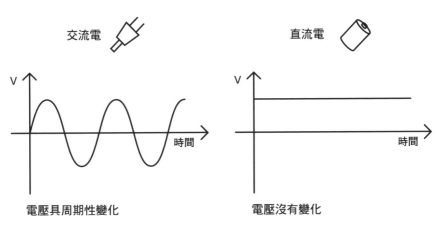

▲**圖①** 交流電和直流電的差異

（伏特）／50Hz 的電流；西日本的關西電力供應的，則為 100V／
60Hz 的電流[1]。一般日本人通常以富士山為分界辨別，富士山以東為
50Hz，以西為 60Hz，至於這個「Hz」，指的就是電壓的變化（交
替）週期。電流就如同前面 PART 1 所說，每秒五十次變動周期的電
流就是 50Hz，變動六十次的就是 60Hz。

　　另一方面，直流電又稱 DC（Direct Current），一般常見的乾電
池類，提供 DC1.5V 的電流。吉他單顆效果器類使用的長方形乾電池
（006P），即 DC9V。此外，行動電話等裝置使用的鋰電池，則是
DC3.8V。

▲三號（AA）電池

▲九伏特（9V）電池

02 ▸ 歐姆定律

　　歐姆定律夠有名了吧？想必大家在中學理化課都學過。

　　　　電壓：E　　　　單位：V（伏特）

　　　　電流：I　　　　單位：A（安培）

　　　　電阻：R　　　　單位：Ω（歐姆）

　　歐姆定律便說明了這三個參數的關係。後面馬上要說明各個參

1　編按：基本上台灣的電壓是 110V ／ 60Hz，也有 220V（如供應冷氣機等高
　　耗電設備使用）。

數，所以現在請仔細看看以下公式。

E＝IR　或　I＝E/R
或　R＝E/I

這是最基本的電學公式，務必要記得。

上面的公式適用於直流電，但是音控工作的場合，多數用的卻是交流電，所以我們得將上述公式轉換成交流電的模式背誦。那麼，轉換後交流電的歐姆定律又是怎麼回事呢？

電壓：E　　　單位：V（伏特）
電流：I　　　單位：A（安培）
阻抗：Z　　　單位：Ω（歐姆）

交流電的情況，三者間的關係可以下面的公式表示。

E＝IZ　或　I＝E/Z
或　Z＝E/I

與直流電相比之下，不同之處只有電阻變成阻抗而已，其他完全一樣。

接著，要來簡單說明這些參數。

■電壓
電壓指的是電的壓力或強度，一般常常以水庫蓄水的水壓比喻。就如同水量多的時候，洩洪的水流也會變強，電壓愈高，電流量也愈

大。不過依照歐姆定律，電阻（阻抗）愈高，即使電壓相同，通過的電流也會愈少。

　　此外，以電壓 0V 為中心，電分為正電與負電，除了能量方向相反，壓力與強度其實都相同。一般我們將 0V 稱為「地面」，換言之地面（Earth，地球）就是 0V。

　　家用電源插座都是 100V，一個插座有兩個插孔，要用電的時候，就把插頭插進去。再仔細看，你有沒有發現插孔一長一短呢？（圖②）

　　為什麼要這樣區分？其實是因為長端與地面相連。我們將這個與地球相連的長的一端稱為「地極」（Ground）或「地線」（Earth），在 PA 系統上習慣把短的一端稱為「熱極」（Hot；又稱火線），燈光或樂器部門則稱之為「L 線」（美國是 Live 的縮寫，英國是 Line 的縮寫）。地極插孔是 0V，碰了也不會觸電，但熱極帶有 100V 的電壓，碰下去就會觸電。有時候為了施工方便，電工可能會把短端設為地極，但為了不被電到，我們還是不要隨便亂碰電源插座。AC100V 的實際電量都是有效值，最大值則是 AC100V×√2 倍＝141.4V，所以千萬不能掉以輕心。

　　在美國與韓國部分地區，使用 AC117V（AC120V）電源，在英國或歐洲則以 AC220V 或 240V 居多，據說德國一部分地方甚至有 AC400V 的區域。所以使用海外產品的時候，更應該留意產品的指定

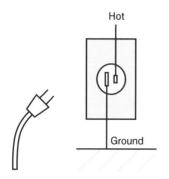

▲圖②　日本家用電源插座

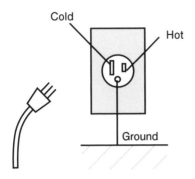

▲圖③　三孔式電源插座

電壓。

　　在許多國家會為了用電安全，不使用日本的兩孔式插座，而使用三孔插座（圖③）。此時的長孔叫做中線（Cold）或 N 相（Neutral），短孔一樣稱為熱極或 L 線，至於圓孔則是接地，也就是與地面相連。

■電流

　　電流指的是電壓由正極向負極的移動，相當於從水庫裡放出的水。

　　直流電的電流通常只有一個方向（圖④），交流電的電流，如同前面所說，具有週期性的電壓變化。在 50Hz 下，一秒中產生五十次

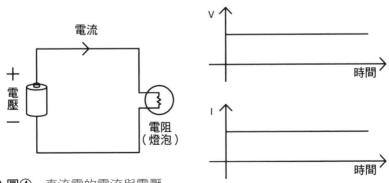

▲圖④　直流電的電流與電壓

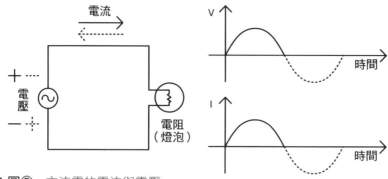

▲圖⑤　交流電的電流與電壓

波動變化（圖⑤）。

　　依照歐姆定律，電壓與電流成正比（E＝IR），也就是電流隨電壓增加變大。

■阻抗

　　不管在直流電還是在交流電之下，純電阻的值都保持固定；阻抗（impedance）是交流電場合產生的阻礙數值，所以通常把阻抗視為交流電的專屬現象。換句話說，阻抗會隨著電的頻率變化。我們可以大致把電阻想像成水庫的水閘。

　　在電路裡具有電阻（阻抗）值的元件，只有純電阻、線圈與電容器三種。純電阻不論在交流電還是在直流電下的電阻值都一樣。在直流電下的線圈和電容器，各自擁有 0Ω 與 $\infty\Omega$ 的電阻值；在交流電下的電阻，則會依照不同電流產生變化。

■電力

　　電流的工作量，我們稱為「電力」（簡稱 P）。我們讓喇叭發出聲音，讓電燈發光，或使用電烤爐都需要能量，足以讓喇叭發出聲音、電燈發光、電烤爐發熱的工作量，都是電力。電力就是電流與電壓的相乘數，單位則是瓦特（W）。

P＝EI 或 I＝P/E

或是 E＝P/I

　　家用室內 AC 插座，也就是「壁插」，最多可以輸出 AC100V／15A 的電。這又表示一口壁插可以輸出多少電力呢？讓我們算算看：

P＝EI＝100×15＝1,500(W)＝1.5(KW)

　　由此可見，家用插座可以提供的最大電力為 1,500W。這樣的工作量，與喇叭的輸入電力或前級擴大機的輸出電力相同。我們也可以由這個公式得知，使用家用插座的 PA 系統，例如學校園遊會的各間教室，最多也只能使用 1,500W 的電力。

03 ▸ 電壓、電阻的連接

　　當我們理解基礎用電知識以後，也應該記住幾條公式，以備不時之需。首先，音控現場沒有單機作業的機會，每次一定都要組合多種機器，才能執行音控業務。所以電壓或電阻的串聯或並聯，是非常重要的知識。

■電壓的串聯與並聯

　　直流電源 E1 到 En 串聯時，電壓的計算公式如下：

E＝E1＋E2＋E3‧‧‧‧‧‧＋En

　　即使 E1 到 En 的電壓各有不同，都可以由各個電池的電壓求得總和（圖⑥）。

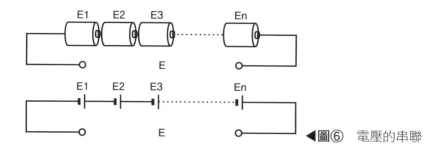

◀圖⑥　電壓的串聯

　　當直流電源 E1 至 En 並聯，電壓的計算公式為：

$$E＝E1＝E2＝E3 \cdot \cdot \cdot \cdot \cdot ＝En$$

　　這時候，各個電池的電壓必須相同，如果不同，會導致電池間電流的傳導容易發生危險（圖⑦）。

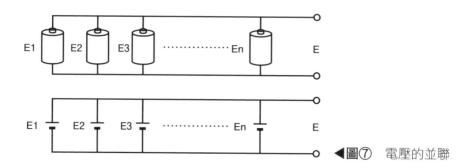

◀圖⑦　電壓的並聯

　　交流電源只要電壓相位一致，基本上和直流電的算法相同。然而如果相位不同，就必須以三角函數計算。通常不會遇到相位不同的狀況，所以本書並不特別說明，畢竟用到的機會微乎其微。

■克希荷夫電流定律（Kirchhoff current law），又名基爾霍夫第一定律）

電流上有一種「克希荷夫定律」，這個定律指出，不論線路多複雜，「所有進入某節點的電流的總和，等於所有離開這節點的電流的總和」。仔細想想，這不是理所當然的嗎？

$$I=I1+I2+I3\cdot\cdot\cdot\cdot\cdot\cdot+In$$

在克希荷夫電流定律裡，進入電路的電流與出來的電流相等。進去多少，就出來多少（圖⑧）。

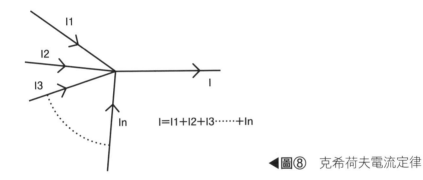

◀圖⑧　克希荷夫電流定律

■電阻或交流阻抗的合成

串聯線路的電阻（R1 到 Rn）或阻抗（Z1 到 Zn）的合成值，可歸納成以下公式：

$$R=R1+R2+R3\cdot\cdot\cdot\cdot\cdot\cdot+Rn$$
$$Z=Z1+Z2+Z3\cdot\cdot\cdot\cdot\cdot\cdot+Zn$$

即使各電阻（阻抗）數值不同，將所有數值加起來的總和就是合成值（圖⑨）

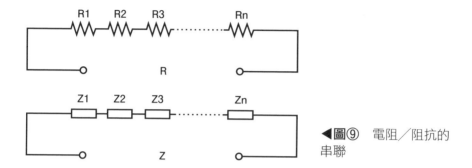

◀圖⑨ 電阻／阻抗的串聯

另一方面，並聯電路的電阻（R1 到 Rn）或阻抗（Z1 到 Zn）合成值，則可由以下公式導出：

$$R = \frac{1}{\frac{1}{R1} + \frac{1}{R2} + \frac{1}{R3} + \cdots + \frac{1}{Rn}} \Rightarrow \frac{1}{R} = \frac{1}{R1} + \frac{1}{R2} + \frac{1}{R3} + \cdots + \frac{1}{Rn}$$

$$Z = \frac{1}{\frac{1}{Z1} + \frac{1}{Z2} + \frac{1}{Z3} + \cdots + \frac{1}{Zn}} \Rightarrow \frac{1}{Z} = \frac{1}{Z1} + \frac{1}{Z2} + \frac{1}{Z3} + \cdots + \frac{1}{Zn}$$

所有電阻值（阻抗值）的倒數（正倒數相乘得一，零沒有倒數）相加得到的總和，與並聯的總和呈倒數關係。這類計算不覺得很麻煩嗎（圖⑩）。

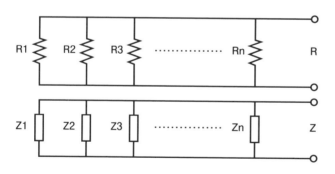

▲圖⑩ 電阻／阻抗的並聯

依照這個關係，數值相同的電阻／阻抗的串聯／並聯，則具有以下這種關係：

串聯

$R = R1 + R1 = 2R1$

$Z = Z1 + Z1 = 2Z1$

相同數值的串聯，可以得到各參數兩倍的值。那麼並聯的情況又如何呢？

並聯

$$\frac{1}{R} = \frac{1}{R1} + \frac{1}{R1} = \frac{2}{R1} \quad \text{由此可證} \quad R = \frac{R1}{2}$$

$$\frac{1}{Z} = \frac{1}{Z1} + \frac{1}{Z1} = \frac{2}{Z1} \quad \text{由此可證} \quad Z = \frac{Z1}{2}$$

也就是說，兩個相同數值的並聯，會得到一半的值（圖⑪）。

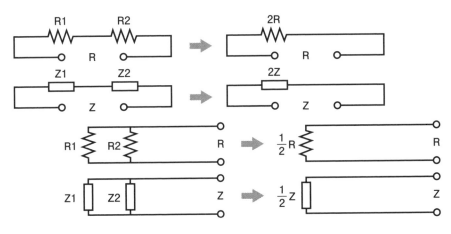

▲圖⑪　同值電阻／阻抗的連接

　　這兩個公式有什麼意義？其實，在理解 PA 系統裡常見的喇叭序列連接（serial）或平行連接（parallel）時，以上兩個公式就顯得非常方便。不用多費心去計算，就可以知道序列連接產生兩倍阻抗，平行連接產生二分之一阻抗。

①先將兩顆喇叭序列連接在一起，再將兩組喇叭平行連接（圖⑫）

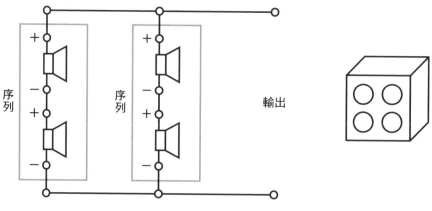

▲圖⑫　喇叭的接法（之一）

②先平行連接兩顆喇叭，再序列連接兩對喇叭（圖⑬）

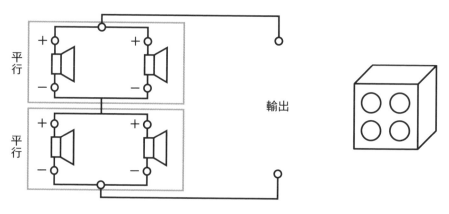

▲圖⑬　喇叭的接法（之二）

　　我們在此假設有四顆阻抗 8Ω 的喇叭，當我們要以此組成阻抗 8Ω 的音箱。Marshall 電吉他音箱正好就是這種規格。

　　方法一與方法二，在電路構造上都沒有錯。然而音控人員會規劃出如圖⑭那樣的簡單電路圖，在實際連接的時候，則會採取第二種接法。

　　至於為什麼要用這種方法，因為中間的粗線很重要。這條線叫做「假想地線（想像中的零電位）」，一旦沒有這條線，當音箱中有一顆喇叭斷線，串聯的另一台喇叭也跟著發不出聲音。

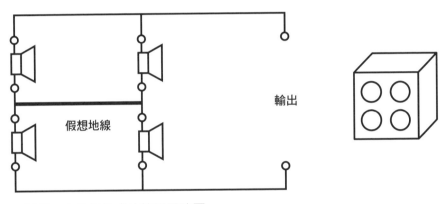

　　▲圖⑭　音控師做成的簡單電路圖

　　在音控現場，必須全力避免演出中突然沒有聲音的情況發生。所以音箱裡即使有一組線斷了，靠著這條假想地線的作用，四顆喇叭裡還有三顆喇叭可以出聲。這種思考，是出自對演出的重視，你是否也能由此感受音控人的責任心呢？

■現場應用模擬

　　接下來我們再以現場為例再次確認。

　　一顆監聽喇叭的 Z＝8Ω（假設阻抗值不變），而監聽用擴大機的功率為 1200W。接下來，讓我們試算監聽喇叭兩極的電壓，以及進出的電流（圖⑮）。

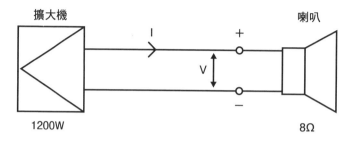

▲**圖⑮** 以1200W擴大機驅動8Ω喇叭

　　首先希望讀者記得「P＝EI」這個公式。我們以「I＝E／Z」帶出線路中的 I 值。

　　因 $P=E \cdot E/Z$，於 $E=\sqrt{PZ}$ 導入數值
　　得出 $E=\sqrt{1200 \times 8}=\sqrt{9600} \fallingdotseq 98(V)$

　　而 $I=E/Z$，再將數值導入 E
　　得出 $I=98/8=12.25(A)$

　　由此可得知，監聽喇叭使用的電壓與電流，約為壁插的一半50V以及 6A（**圖⑯**）。

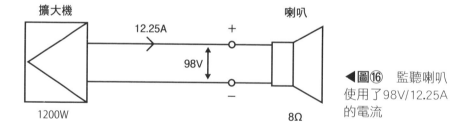

◀**圖⑯** 監聽喇叭使用了98V/12.25A的電流

　　如果這時候把計算結果導入「P＝EI」的公式裡，就可以算出 P ＝98×12.25＝1200(W)。

因為我們知道喇叭線帶有 98V 的電壓，在戶外演出，如果用淋雨沾水的手碰到當然就會觸電，一定不能掉以輕心。

用電相關數值，可以完全由電壓、電流、阻抗（電阻）與電力計算出來，所以一定要牢牢記住。就像上面的例子，喇叭線其實具有高電壓與大電流。

04 ▸ 關於接地

在「基礎電學」的最後，要來談談接地（Ground／Earth）。接地對 PA 系統而言，又分為兩種：防止觸電的「安全接地」與防止雜音的接地。不論哪一種都非常重要，請各位讀者務必熟記。

■安全接地

(1)地面為 0V

首先，我們來看看日本國內的電力傳送方式。發電廠發出來的電是以電線傳遞，這種情況電線只傳送正電，負電線利用地面傳導（圖⑰）。換句話說，地面就是 0V，電線與地面間的電位差決定電壓。發電廠送出來的電有十幾萬 V 的電位差，從電線桿送到住家的電線則有 100V 的電位差。因此我們將 0V 的地面稱為「Earth」。

而在離地狀態之下，也可以得到電壓。假如在飛機裡彈奏電吉

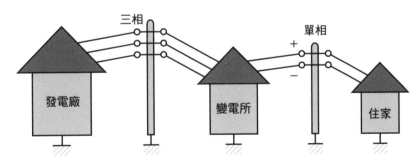

▲圖⑰　日本的電力傳送方式

他，並透過 100V 規格的吉他音箱擴音，就會使用機上發電機產生的 100V 電源。這時候如果飛機上的 0V 和地表的 0V 不同，就會產生問題（圖⑱）。如果讓飛機著陸，讓艙內的 0V 和地表的 0V 相同，就成了所謂的「安全接地」。

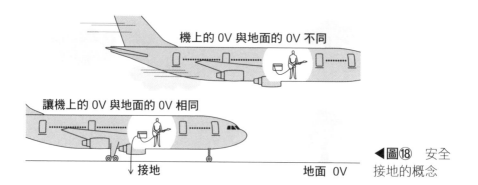

◀圖⑱ 安全接地的概念

②0V間的電位差

接下來我們再舉更具體的例子，以中型展演場館的演唱會來說明。透過前面說明已知，日本以兩線方式送電，地線就會與中線（N相）共用，所以音控台的地線，就會與舞台的接地相連（圖⑲）。如果地線與中線共用，線裡就會帶有電流。換句話說，接地位置不同就會產生電位差。從不同插座取得的電，即使0V都透過接地與地面相連，也會產生電位差。

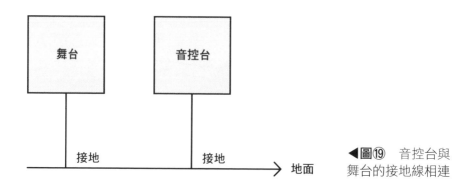

◀圖⑲ 音控台與舞台的接地線相連

　　這樣一來會發生什麼問題呢？假如主唱同時演奏吉他，舞台 0V 與音控台 0V 的電位差，會反映在吉他音箱與主唱的麥克風上：主唱邊彈邊唱的時候，一碰到麥克風就會觸電（圖⑳）。日本使用 100V，所以即使觸電，電流也不過幾 mA，不大容易出人命，但在是德國之類 400V 的地方，就非常危險。所以海外樂手相當在意接地的有無，如果樂器沒有做好接地，經紀人甚至絕對不讓樂手上台。其實過去也曾發生過知名樂手死於觸電的例子，所以安全接地對他們而言，可說是再重要也不過的事了。

　　那麼我們又應該如何防止觸電呢？以這個例子來說，首先，必須留意吉他音箱的接地方式。我們把音箱插頭的接地以鱷魚夾延長，並且連到接地口。簡單來說，就是暫時採用三線式電源。海外多半使用三線式電源，這種電源的好處，就在於地線不通電，一定保持 0V。

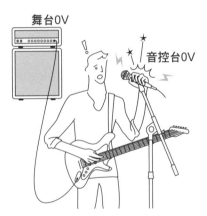

▲圖⑳　　主唱拿著吉他一碰到麥克風……

▲三轉二插頭（又稱豬鼻子）應該小心使用！

③二孔與三孔

　　在接地的時候，必須注意所有器材中是否有使用三接點插頭的非日本製品。這類器材基本上都要直接插在三孔插座上。有些器材的電源線，在器材端是三孔，插頭端卻是兩接點；就算所有機器中只有一

台沒做好接地，所有的機器都等於沒有接地，切記不得大意。

如果能將所有電源都做好接地，機身就能與地面連通，接收機身累積的電荷，進而防止觸電。使用兩接點插頭的器材，雖然內部已經完成接地，但外殼的電荷無法外散，機身就會因為電流與磁性而帶電。日本製造的產品，通常不會發生機身帶電的狀況，但使用非日本製品的時候，就必須十分注意了。

■防止雜音的接地

在音控執行現場，接觸不良的雜音，是聲音器材類最常遇到的麻煩，透過接地也可以有效防止雜音。例如導線之類的線材，都可以靠器材的接地防止雜音，例如以接地線接觸地面等作法。預防雜音的接地，也可以應用於纜線或電路上。

①什麼是接地迴圈？

在發生類似「滋—」或「噗—」之類的雜音時，比較可能是發生了「接地迴圈（earth loop）」現象。請同時參考下一頁的圖㉑和圖㉒。假設吉他音箱、音控台與監聽喇叭都有接地，一旦貝斯沒有接地，就會產生雜音（圖㉑）。如果將貝斯用 DI（直接連接盒）的監聽喇叭接地，與其他接地相連（圖㉒）而形成一個迴圈（迴路），也會因為各接點產生的電位差而形成電流與電磁場，使得其他器材也跟著發出機器雜音，這就是所謂的接地迴圈。

我們最常使用的方法，是將 DI 上的「GROUND LIFT」（離地）開關打開，使接地迴圈中斷。然而現實中的舞台，常常有五、六支麥克風、四顆監聽喇叭、前級擴大機、各種器材……就會更難找出雜音的源頭。更何況日本使用兩孔插座，如果有的機器插錯插座，也會產生電位差。以現階段的做法，也只能從線路與接地逐一檢查，才能解決問題。所以專業的音控，能依照插頭的極性正確插電。電源線的中線部分，會有一個小小的三角形記號，方便我們辨認。即使我們

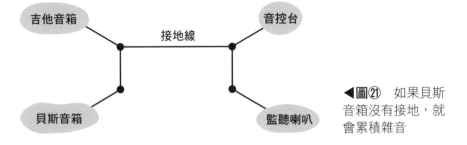

◀圖㉑　如果貝斯音箱沒有接地，就會累積雜音

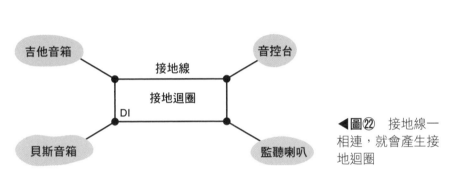

◀圖㉒　接地線一相連，就會產生接地迴圈

可以把插頭插到正確的孔，偶爾也會遇到場地施工缺失，導致插座的中線與熱極標記與實際相反的情形，所以要牢記各種可能犯錯的狀況。

②以單點接地避免雜音

為了要避免接地迴圈現象，我們可以使用「單點接地」的方法（圖㉓）。如果將接地點集中在一個地方，就不會產生接地迴圈問題，應該是個不錯的方法。建議把接地點集中在主插座旁邊，一般都會設在音控台的配電盤附近。將電源集中在一個點，並且由此拉出前級擴大機、監聽喇叭擴大機、樂器、主混音台、監聽混音台等器材的電源，並用鱷魚夾從吉他音箱的電源插頭拉出接地線，完成單點接地。

簡單來說，所有的器材都以三條線相互連接，而在現實當中，貝斯的 DI 會產生接地迴圈（圖㉔），很難達到完完全全的單點接地。

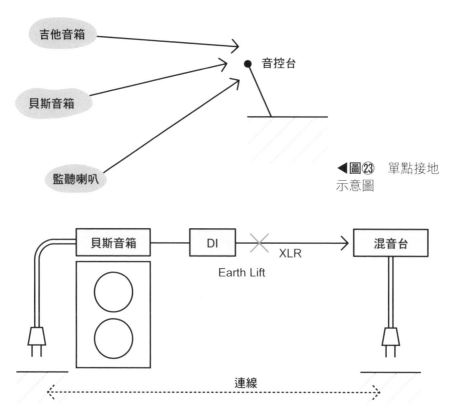

◀圖㉓ 單點接地示意圖

▲圖㉔ 貝斯擴大機與 DI 產生的接地迴圈

這時候,具有各頻道獨立離地開關的排線箱,就可以發揮效能。如果是在比較大的場地執行工作,排線箱與音頻分配器都是必須的設備,如果能讓各個音頻都有獨立的離地開關,就更容易預防接地迴圈的問題了。

音響器材

01 ▸ 聲波的振動與電路

　　麥克風或喇叭之類的音響器材，通常是將聲波或機械性振動轉換為電能，或是將電能轉換為機械性音響振動的構造組成（圖①）。

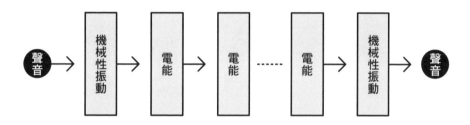

▲圖①　音響器材的構造

　　在維持機械性振動、音響性振動與電路間波形相似性的器材中，能將能量轉換為其他形式能量的器材，可以稱為「電能─機械能變換器」或「電能─音響能變換器」。然而，電能─音響能變換器並不直接變換線路中的電能與音響振動，通常以「電能訊號↔機械振動↔音響振動」的關係轉換能量。所以，我們可以將這種變換，以電能─機械能變換去推想。

　　依照能量轉換方向，電能─機械能變換器可分成兩大類。
● 機械能─電能轉換器
　　將機械性振動轉換為電能振動的器材，主要是麥克風。
● 電能─機械能轉換器
　　將電能振動轉換為機械性振動的器材，主要是喇叭。

此外，混音台或外接效果器，則屬於專門處理電能訊號，不處理振動轉換的器材類型。

在本章中，將解說 PA 系統常用器材的運作原理與使用方式。

02 ▸ 麥克風

麥克風的功能，是先將空氣中疏密波的振動轉換成機械性振動，再轉換成電流訊號。所以麥克風的構造中，具備了接受音壓的部分，也包括將機械振動轉換成電流輸出的部分。

■麥克風的分類

麥克風又依對機械性振動產生驅動力的吸收方式，分成以下兩種類：

●感壓式麥克風

將所在位置受到與音壓成正比的驅動力，轉換為電能的麥克風。

●壓力傾度式（感速）麥克風

將所在位置受到與壓力變化傾度成正比的驅動力，轉換成電能的麥克風。又因為壓力傾度與介質的粒子速度具比例關係，而將這種麥克風稱為壓力傾度式（感速）麥克風。

此外，也可依照麥克風的指向性不同來分類。指向性指的是，聲音從麥克風的哪個方位抵達，又如何改變它的感度（詳見第74頁）。

●無指向性麥克風

單純的感壓式麥克風，基本上不帶指向性。

●指向性麥克風

依照指向特質的形狀，又分為好幾種指向性麥克風。壓力傾度式麥克風，基本上即屬於指向性麥克風。

另外，也有依照機械振動轉換成電能的換能原理不同的麥克風分

類方式。

●電磁換能麥克風

　　動圈式麥克風或鋁帶式麥克風屬於此類。也有一些麥克風，採用了電磁變換或磁歪變換構造。

●靜電換能麥克風

　　包括將機械振動轉換為靜電的電容麥克風，以及使用永久電荷的駐極體電容麥克風。

●其他

　　水晶麥克風或陶瓷麥克風，以壓電作用轉換機械振動。也有類似透過電阻變化轉換機械振動的碳精麥克風，或是透過熱能進行轉換的熱傳導麥克風，但並不實用。

　　在執行音控的現場，基本上，還是以「單一指向性動圈式麥克風」與「單一指向性電容式麥克風」為主。接下來，就來探討什麼是「動圈式麥克風」、「電容式麥克風」與「指向性」。

■動圈式麥克風

　　動圈式麥克風的構造，可用**圖②**簡略表示。如同該圖所示，線圈包圍的振膜受到聲波的壓力產生振動，透過電磁誘導作用，產生與音壓具比例關係的電能訊號。線圈會動，所以被稱為動圈式麥克風。

　　這種換能方式不需要電源驅動，所以比較耐操；不受溫溼度影響，也更加耐用，最常出現在音控的現場。常用的款式，則包括了SHURE 的 SM58、SM57、Beta57A、Beta58，以及 SENNHEISER MD421-II 等。

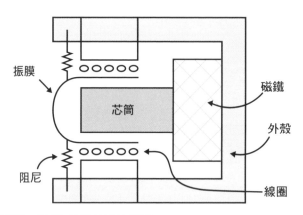

▲圖② 動圈式麥克風的構造

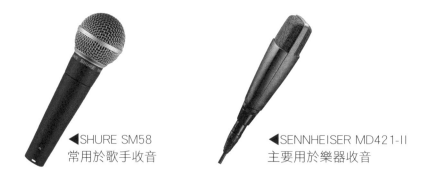

◀SHURE SM58
常用於歌手收音

◀SENNHEISER MD421-II
主要用於樂器收音

■電容式麥克風

　　電容式麥克風是透過相對電極間電荷的變化，轉換成電壓後輸出。這時，一端電極被當成振膜，另一端則為背極板。又因為振膜不需要接合線圈，通常電容式麥克風在頻率響應上，比動圈式麥克風更寬，感度也更高（見下頁圖③）。

　　另一方面，電容式麥克風為了要提升感度，而縮小振膜與背極板的間距（通常是 0.01 至 0.05mm），對於振動、衝擊與濕度也更為敏感，在使用上必須特別留意。這種麥克風使用的電源稱為「仿真電源」（幻象電源），一般都透過混音台或麥克風前級，以 XLR 線送電（圖④）。

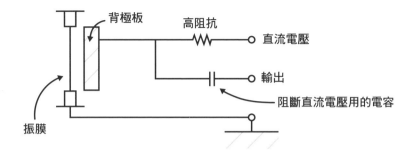

▲圖③ 電容式麥克風的構造

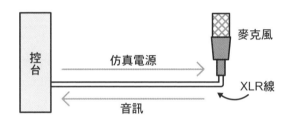

▲圖④ 仿真電源透過 XLR 線供應

　　而一般在音控現場常用的電容式麥克風,則包括了 AKG 的
C414、C451,SHURE 的 Beta91 等。順便提一下非常有名的
NEUMANN U87,雖然在音控現場幾乎不可能用到,但是各位讀者
如果能順便認識一下,日後保證有幫助。這款麥克風不論是在錄音室
裡錄銅鈸、帽鈸之類的金屬音色,還是錄製鋼琴、空心吉他之類的樂
器,乃至錄製無伴奏合唱,當然還有錄製人聲獨唱的時候,都是很重
要的器材。在現場錄音或現場轉播的時候,也拿來當成錄製觀眾席拍

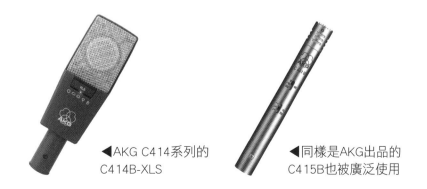

◀AKG C414系列的
C414B-XLS

◀同樣是AKG出品的
C415B也被廣泛使用

手歡呼的外場麥克風（雜音麥克風），在日本業界可說是標準款式。

此外，也有一種駐極體（Electret，又稱永電體）電容式麥克風，使用高分子聚合體做成的振膜，並且保持其中的電荷。這類麥克風的製造成本大幅降低，也常被用於消費性器材上。

■無線麥克風

以麥克風線傳送聲音訊號的麥克風，稱做「有線麥克風」；但同樣是沒有麥克風線的無線麥克風，在美國被稱為「無線電麥克風」，英國則直接稱為「無線麥克風」。這種麥克風以電波（電磁波）取代導線傳輸訊號，所以除了麥克風以外，還需要訊號發射器（transmitter）與訊號接收器（recirver）。

日本國內的無線電波受總務省管理[2]，需要許可執照的特定無線電、無線麥克風與電視廣播用的白頻段（指分配為廣播用途，但未使

▲SHURE 數位無線麥克風系統 AXT Digital

▲SENNHEISER 類比式無線麥克風3000/5000系列使用的隨身發射器SK5212-Ⅱ

2　注：同時可參照本國交通部頒布的無線電管理標章。另依照 2023 年 3 月修正版〈中華民國無線電頻率分配表〉，614 ～ 703 MHz、748 ～ 758 MHz、794 ～ 806 MHz、1790 ～ 1805MHz 四個頻段提供低功率無線電麥克風及無線耳機於「不得干擾行動通信，且須忍受行動通訊干擾」之條件下使用。行動通信使用的頻率之一為 703 ～ 803 MHz，其中 4G 通信使用的794 ～ 803MHz 與無線麥克風使用頻段重疊，國家通信委員會（NCC）指出，在訊號重疊頻段，將手機距離無線麥克風約 3 公尺外，即可正常使用。

▲SONY數位無線無線麥克風。圖左為接上麥克風頭單元CU-C31手持模組麥克風DMW-02N、中為無線接收器DWR-R03D、右為無線訊號發射器DWT-B01N

用的頻率區段,為470MHz～710MHz),其類比輸出功率10mW、數位輸出功率50mW。特定無線電、無線麥克風的專用頻段(710MHz～714MHz)的類比輸出功率10mW、數位輸出功率50mW。公用雷達等共用頻段(1,240MHz～1,260MHz ※1,252MHz～1,253MHz除外)的類比輸出功率50mW、數位輸出功率50mW。免照的B型(806MHz～810MHz)輸出功率小於10mW,以及音控界幾乎不使用的C型(頻率322MHz)輸出功率小於1mW,以上都是無線麥克風會用到的頻段。依照使用的頻段計算可同時使用的無線頻道數、傳遞距離,以及高頻訊號處理等項目,都需要高度專業知識。發信部分由麥克風與訊號發射器(transmitter)組成,手持麥克風將兩單元合為一體。此外,音樂劇等場合使用的領夾式麥克風(小蜜蜂)與頭戴式麥克風,則將麥克風與訊號發射器分離。近年隨著數位技術的進步,數位麥克風也日漸普遍。

①數位無線麥克風

　　最近出現更多新款的數位麥克風,不僅防止干擾能力更強,也能在短距離分享相同頻率,因此更廣泛被運用。同一區域裡可運用的頻道較類比無線麥克風更多,但也隨場所條件不同而有所變化。同時,B 頻段可以同時使用的頻道也增加到 10 組。即使不使用壓縮擴張轉換器,也可以達到高音質,更能防止訊號被竊聽。缺點是研發費用與

◀SHURE個人監聽耳
機系統PSM1000

▶SENNHEISER無線監
聽耳機用訊號發射器
SR2050（圖片）、接
收端（EK2000IEM-
JA）、混音器AC300

器材的成本偏高，一個波段用的機種價格也顯得昂貴。再者，耗電量
大、電池更換率高，以及延遲問題等缺點，使用上常常受到限制。

②監聽耳機

監聽耳機也分有線與無線兩種。近年來，現場演唱會上因為表演
者走動情形變多，則以無線（wireless in-ear monitor; WIEM）為主，
這種系統更能在監聽上達到落地式監聽喇叭無法達到的自由調整，使
得樂手不論在台上怎麼走動，都可聽到相同的音場。但是，如果現場
發生回授音，對於聽覺與大腦的損傷也可能更大，不只使用上要小
心，也需要高度的監聽混音能力。如果同時使用數位無線麥克風與無
線監聽耳機，延遲情形也會變多，可能會讓演奏產生時間差，使得監
聽設定前功盡棄。

■指向性

聲波抵達麥克風振膜時的入射角度產生的感度變化，被稱為「指
向性」或「指向特性」。在描繪指向性圖表的時候，我們會使用固定
的頻率，並且將振膜與地面呈垂直角度，將正前方的音源點設為0°，
以便測量。有些麥克風具有切換指向性的功能，在使用這類麥克風的
時候，最好也可以理解不同指向性下頻率特性的變化。

①無指向性

　　對來自任何方向的聲音都保持相同感度的指向性，我們稱為「無指向性」（圖⑤）。只要是振膜後方密閉的麥克風，就是無指向性麥克風。這種麥克風可以用在街頭訪問、戶外錄音、錄製海浪聲、演唱會觀眾席的收音，或是古典音樂的錄音等場合，但是並不會用在可能形成回授音的場地。因為無指向性麥克風會連喇叭的聲音一起收進去，容易產生回授音。因此，業界流傳「懂得掌握無指向麥克風的人，就是一流音控」，也更能彰顯這種麥克風的深奧特質。

②雙指向性（兩指向性）

　　前後端感度相同，兩側感度為零的指向性，我們稱為「雙指向性」或「兩指向性」（圖⑥）。這是振膜後方開口麥克風具有的指向性。在廣播電視節目的訪談中，可以充分捕捉其臨場感。不過在音控現場，幾乎不大用到這種特性的麥克風。

3

音響器材

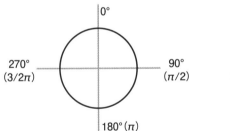

▲圖⑤　無指向性的極性樣式

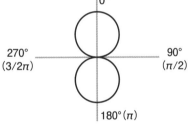

▲圖⑥　雙指向性（兩指向性）的極性樣式

③單一指向性

　　前端感度最高，兩側感度略低，後端零感度，是「單一指向性」的特質（圖⑦）。在振膜後端開幾個導音孔讓聲音進入，並且利用前後端聲波抵達的時間差，形成單一指向性麥克風的特質。

　　一般在音控現場使用的麥克風，幾乎都具有這種特性。為了避免

回授音與聲音「打架」，才會愛用單一指向性麥克風。但是如果使用不當，改變了麥克風的指向性，會讓收到的聲音跟想要的差很多。例如我們常常看到歌手抓著麥克風頭唱歌，這種動作就非常危險。麥克風後端的導音口會被手蓋住，讓麥克風變成無指向性，甚至影響麥克風的頻率響應，這點必須特別留意。

也有單一指向性更強的超心型（圖⑧）、極心型（圖⑨）與超單一指向性（shot-gun／圖⑩），這些麥克風的後端也有感度，所以現場還是必須留意回授音的問題。

此外，具有指向性的麥克風愈接近音源，對低頻就愈敏感，我們稱之為「近鄰效應」（圖⑪）。事實上，許多人聲用麥克風在研發階段，都因應這種效果來生產機身。因此，在人聲收音上使用這些麥克

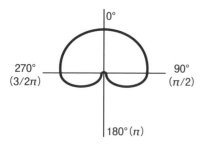

▲圖⑦　單一指向性的極性樣式

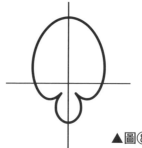

▲圖⑧　超心型的極性樣式

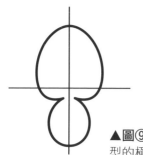

▲圖⑨　極心型的極性樣式

▲圖⑩　超單一指向性（shot-gun）的極性樣式

風時，都必須在合適的距離（基本上是近距離收音），否則會收到低音鬆散不像樣的人聲。

　　同樣是單一指向麥克風，SENNHEISER MD421-II 或 MD441-U 在設計上，致力減低近鄰效應的影響，只要使用這種麥克風，也可以減少計算近鄰效應的時間。

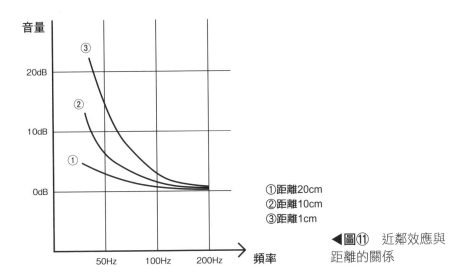

①距離20cm
②距離10cm
③距離1cm

◀圖⑪　近鄰效應與距離的關係

03 ▶ 喇叭

　　喇叭主要分為動圈式、電容式與壓電式等樣式，但在 PA 系統裡幾乎只使用動圈式喇叭。

■動圈式喇叭的構造

　　動圈式喇叭又分為錐盆型與號角型兩大類（圖⑫）。從圖⑫我們可以知道，喇叭的構造與動圈式麥克風大致相同，而運作流程與麥克風完全相反（這是當然的）。將電流導入線圈形成磁場，並將電能透過機械振動轉換成聲能。

　　號角型喇叭通常用於中高頻，而號角部分又與驅動部分分開。又

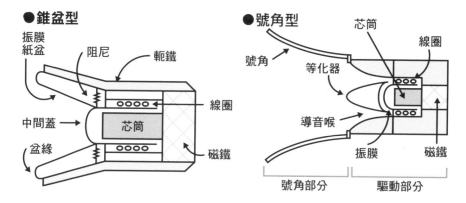

▲圖⑫　錐盆型與號角型的不同構造

因為高音的波長比較短，振膜的中心與邊緣會形成相位差，而必須裝上等化器解決相位差的問題，也形成了號角型喇叭的特徵。

　　一般動圈式喇叭公開資料顯示的阻抗值為 8Ω，其實是能發出最低音頻的最小值。有一些喇叭宣稱阻抗為 16Ω 或 4Ω，如果要搭配使用，就必須考慮不同阻抗造成的效果。

　　接下來，要說明動圈式喇叭器音箱的構造。

■音箱

　　音箱指的當然就是裝喇叭的盒子，但是為什麼這盒子對一組喇叭來說這麼必要呢？

　　首先我們以錐盆型為例說明。錐盆型的振膜，從前後端發出相位相反的聲音，所以光聽喇叭單體的話，從錐盆後端發出的聲音繞到前面，會將前端的聲音抵銷（圖⑬）。這種逆相位現象，在愈低的頻率愈容易發生。為了防止這樣的現象，錐盆型單體首先需要安裝障板。

①平面障板

　　障板指的是固定喇叭的板子，可以阻擋喇叭後端發出的聲音。在第一部分「關於聲音」，我們已經知道聲音有繞射的性質，如果能將

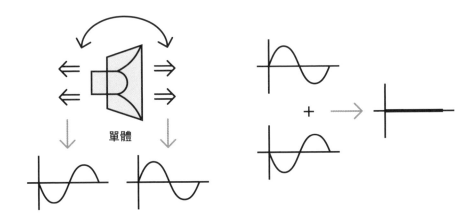

▲圖⑬　錐盆前後兩端的聲音相位相反！

喇叭單體裝在波長一半以上長度的障板上，則可以讓單體發出該頻率以下的低頻。假如 100Hz 有 3.4m 的波長，就需要 1.7 米的障板，但實際上需要長寬各 3.4m 的正方形板，並不是實用的方法（圖⑭）。

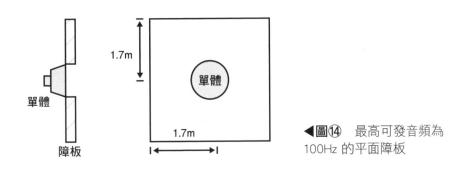

◀圖⑭　最高可發音頻為 100Hz 的平面障板

②後面開放式音箱

　　如果我們把平面障板變成立體形狀，可以得到更實用的尺寸，成了所謂的後面開放式音箱（圖⑮）。但是，這樣仍然無法防止聲音從後方繞射，所以很難發出低音。吉他用的音箱，因為不需要這麼多低音，以及排出真空管發出的熱這兩個理由，往往會採用這種型態的音箱。Fender Twin Reverb 或 Roland JC-120 等音箱都很出名。

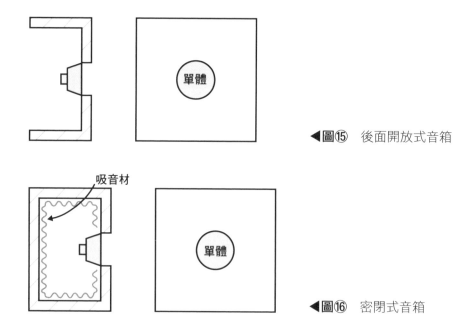

◀圖⑮　後面開放式音箱

◀圖⑯　密閉式音箱

③密閉式音箱

如果要避免後端聲波繞射的影響，把後端封起來最快，這種音箱我們稱為「密閉式音箱」（圖⑯）。這種音箱理論上可以發出最低的低頻，事實上，這也只是在假設下成立的狀態。

錐盆後端發出的聲音，在密閉空間裡會產生壓力，尤其當錐盆往後移動的時候，音箱內部的氣壓就會升高，妨礙錐盆的振動，便無法發出正常的聲音了。如近年常見，用高功率擴大機驅動時，錐盆的背面壓力會讓音箱膨脹，使聲音變形，而音箱內部聲波的反射也會增加。為了減少這樣的影響，音箱內部就需要貼附玻璃纖維等吸音材質。

④低音反射式音箱

為了避免背面壓力影響，而拆掉背板，又會成為後面開放式音箱了，於是，就有一種在單體障板上開口（反射導管）的低音反射式音箱（圖⑰）。

這種反射孔，可以將單體後端發出的低音轉換為反相音頻，並且

使指定的音域透過反射導管產生共振，與單體前端發出的聲音以相同的相位送出。這種音箱可以發出比密閉式音箱更低的頻率（圖⑱），也具有更強的播放功率，所以時常用於需要大音量的 PA 系統。

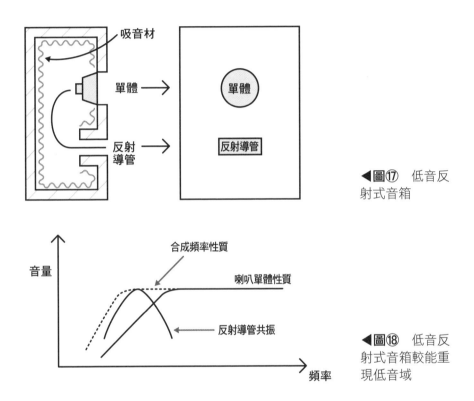

◀圖⑰ 低音反射式音箱

◀圖⑱ 低音反射式音箱較能重現低音域

⑤號角式音箱

也有一種音箱，不把喇叭單體裝在障板上，而以號角接在單體前面。將低音用號角接在單體前端，稱為「前面承載號角式」（圖⑲）；將裝在單體後端者稱為「後面乘載號角式」（圖⑳）。

那麼，為何要刻意將號角裝在喇叭單體前端呢？其實只要將號角裝在喇叭前面，就可以讓單體得到大過本體的開口面積，大幅增加低頻的放射音率，以提升功率與聲音的指向性。在PA系統裡也常常使用結合低音反射的號角式音箱。

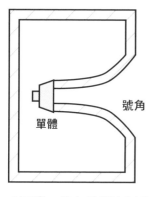 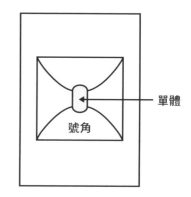

▲圖⑲　前方乘載號角型

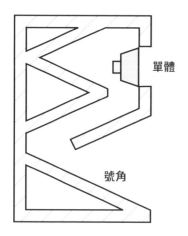 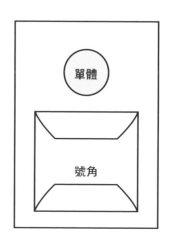

▲圖⑳　後方乘載號角型

⑥柱型音箱（欄位型音箱）

　　柱型音箱（Tonsäule）由幾個相同單體直排而成，直排時比單體具有更窄的指向性（圖㉑）。在學校的大禮堂或小音樂廳的舞台兩側都可見到，想必各位讀者應該不陌生。

　　其實這種理論最近才出現，並以懸吊式的陣列喇叭最具代表性。

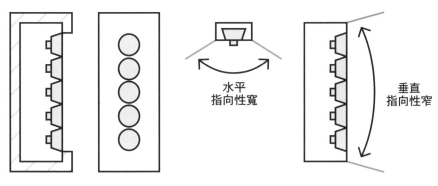

水平
指向性寬

垂直
指向性窄

▲圖㉑　柱型音箱

■系統式喇叭

系統式喇叭，指的是一個音箱裡包含一個至數個單體的型態。以下再詳述各類型。

▲Meyer Sound LEO-M

◀L-ACOUSTICS
的 K1

①全音域系統

系統內包含一顆喇叭單體，使用單體的口徑從 8cm 到 20cm 不等。由於音源發自一點，單體的材料也相同，播放聲音的定位與音質都相當好。缺點則是不適合大音量播放，以及高頻、低頻的表現不足。

◀Meyer Sound MM-4XP

②兩音路系統

　　搭配低音單體（low, woofer）與高音單體（high, tweeter）的喇叭，其中低音單體的口徑，決定了低頻的界限，口徑從 12cm 到 38cm 不等。這種喇叭在播放音量與頻率響應上，都比全音域系統來得強，卻會因為兩單體使用振膜材質的不同，讓分頻點周圍的音質有所不同，使用時需要注意。在兩音路以上的喇叭裡，則使用分頻網路。

◀使用兩音路系統的 Meyer Sound UPA-1P

③三音路系統

　　這是搭配低音單體、中音單體（mid, squawker）及高音單體三種喇叭的系統喇叭，可以在大音量下播放低頻至高頻的聲音。中音單體又分錐盆型與號角驅動型兩種，後者因為可以產生更大音量，PA系統通常會使用這種喇叭。如果使用分頻網路，理論上只需要一台擴大機推動，在音控現場主要還是採取三機驅動的模式。

◀使用三音路系統的JBL PROFESSIONAL VTX-V25

④四音路系統

在三音路系統以外加上次低頻（sub low）的音響系統，以重低音播放能力見長，經常運用於搖滾演唱會或室內體育場之類的演唱會上，然而就筆者所知，現在專業廠商並無製造把四音路做成單機的製品。

◀使用四音路系統的 JBL 舊機種 4355（主要用於錄音，就筆者所知，PA 系統沒有人用四音路單音箱的喇叭）

■分頻網路

分頻網路，指的是分割特定頻帶的濾波器（電子訊號的網路系統）。

一台功率擴大機輸出的訊號中，包含了所有的頻帶。當我們將擴大機的訊號，直接輸出至多音路喇叭而不經過分頻，低音訊號的高能

量電流會流到高音單體（tweeter），造成線圈的損毀。同時，為了讓喇叭裡的低、中、高音單體都只發出最適合頻帶的聲音，就必須經過一種不讓範圍內頻帶訊號流向其他單體的電路，這就是所謂的分頻網路了。

分頻網路又分成被動式與主動式兩種。

不需要電源供應的被動式分頻網路，這種電路板往往被裝在音箱裡，接續在功率擴大機與喇叭組之間使用。

需要電源供應的主動式分頻網路，則連接在混音台的輸出與功率擴大機之間，又稱為「音頻分配器」（分頻器、C／D）。

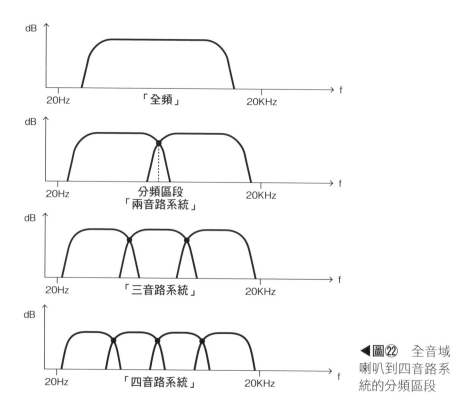

◀圖㉒　全音域喇叭到四音路系統的分頻區段

■ 訊號處理器

最近單一功能的分頻器種類變少，隨著數位機器普及，一般稱做

「訊號處理器」的器材，也就是帶有複合功能的喇叭處理器或喇叭管理系統等款式的製品，內建功率擴大機的機種也愈來愈多。這些機種都是特定喇叭系統專用，其他喇叭系統無法使用。

另一方面，最近現場也出現愈來愈多適用於所有喇叭系統的「訊號處理器」。這些訊號處理器通常內建 DSP，具有分頻、壓縮器／限幅器、等化器、延遲、相位調整、自動功率放大感應（sens-back）、RTA（及時頻譜分析）等功能。

此外，下載平板或 PC 專用的應用程式，可透過無線網路（Wi-Fi）遠距操作的器材也增加了。這類機種方便於離開 FOH（front of house，前台），在場地的任何空間自由移動，也可以調整各處喇叭的音質。進一步來說，從 2 輸入／8 輸出到 8 輸入／16 輸出等具有許多輸入輸出端子的機種，更成為這類器材的主流。

▲Mayer Sound Galileo 616

▲Dolby Lake Processor

▲Meyer Sound Galileo GALAXY 816

■耳機

在 PA 系統中使用的耳機多為全罩式，而不是耳道式耳機。又因為不是用來欣賞音樂，且需在大音量中也能確認各部分音質，所以普遍愛用頻率性質平坦，以及可輸入高功率的機種。而且，這些耳機全都是全音域系統。因為單體離耳膜很近，即使只以相當小的電力驅動，都能感受到大音量。

◀SONY 監聽耳機 MDR-CD900ST

04 ▸ 混音台

　　混音台（音控台、控台）分為數位、類比、錄音用、PA 用……
各項，但基本用途只有兩種：一個是放大麥克風的輸入訊號，另一個
則是決定訊號的目的地。只要記得這兩件事，即使遇到再龐大的控制
台都不用害怕。接下來，讓我們看看各部分的構造。

■音頻模組

①輸入單元

　　麥克風前級擴大機的功能，是混音台的一大前提，我們會將「麥
克風前級機頭」，也就是將麥克風訊號增幅為線路電平的機器，略稱
為「機頭」。當然這部分也提供線路訊號的輸入，兩種輸入訊號都要
經過個別的電平控制（trim），方能得到最合適的輸入音量。

....

　　[機頭的特徵]
　　①高增幅率（high gain）
　　②高傳真度（high fidelity）
　　③低雜訊（low noise）
　　④低失真（low distortion）

....

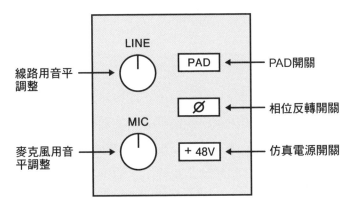

線路用音平
調整

LINE

PAD → PAD開關

Ø → 相位反轉開關

MIC

麥克風用音
平調整

+ 48V → 仿真電源開關

▲圖㉓　輸入單元示意圖

　　當線路輸入訊號音量過高，也可以按下 PAD（衰減）按鈕，降低音量。此外，我們也常在每一個音頻的輸入單元部分，看到傳送 48V 仿真電源給電容式麥克風的仿真電源開關，或是相位反轉開關之類的按鈕。當我們在有好幾組樂團表演的現場執行音控，卻來不及做成各組的 CUE SHEET（演出提示表）記錄音量定位等參數，好確定哪些頻道在什麼時候需要衰減，那麼就只能先把各頻道音量都先調小。此外，使用仿真電源的時候，電源的位置離音源愈近愈好，一般建議在監聽混音台使用。

②等化器

　　通常混音台各頻道，都具有三至四頻帶的參數等化器（後面第 96 頁會提到等化器的用處），也有一些特別的機種具有「EQ 開關」，可以讓原始訊號通過。有時候也有消除低頻的功能，常被用來消除主持用麥克風之類不必要的低頻。

　　錄音用的混音台通常也會附壓縮器、噪音閘門等功能，但在 PA 工程上，有需要使用這兩種功能時，再從插入點連接使用就好，因為從事音控的裝備愈輕愈好，用不到的可以不用攜帶。但如果是數位器材，就另當別論了。

各頻道通常也附有可以外接等化器的插入點端子。

③AUX SEND（輔助輸出）

這是決定音訊去向的關鍵部分，可以運用在連接效果器或監聽喇叭上。我們除了可以用音量旋鈕決定訊號送到各目的地的強弱；還可以透過「推桿前／後」切換鈕，決定是否以推桿調整訊號音量。在使用監聽耳機的場合，也需要「立體監聽訊號輸出」的選項。

在送訊號給效果器的時候，把音量旋鈕調至無增益（unity gain；±0dB）是基本原則。這時候我們才有可能透過，諸如效果器的表頭不亮、聲音沒有送回來之類的異狀，合理懷疑是不是線接錯、導線接觸不良或是其他操作上的問題。通常多數是人為的疏失。

至於主控用與監聽用混音台的不同，可以想成 AUX 功能的強弱。舞台監聽用的控台，強調各組 AUX 的細節調整；至於主場用的控台，則重視幾個參數就可完成的 GROUP OUT（群組輸出）。

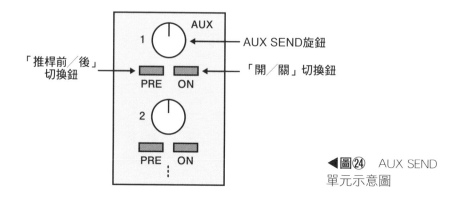

◀圖㉔ AUX SEND 單元示意圖

④音場定位

通常在兩聲道系統裡，LR 定位是相當常見的功能，但最近也有些三聲道的 LCR 音響系統，不僅可以調整左右聲道的比例，還可以控制中央聲道，甚至在數位混音台上也可以控制 5.1ch 環繞音場中的

定位。尤其在音樂劇之類的場合，為了不讓台詞被音樂蓋住，更重視 LCR 定位的運用。在 LCR 系統出現之前，都只能把音訊統一透過 GROUP OUT（群組輸出）送到中央喇叭，現在有了中央聲道的控制，就更能精準掌握音場定位了。

⑤音頻推桿

基本上，音頻推桿決定各個頻道送到 MASTER OUT（主輸出）的程度。當 AUX SEND 在「POST」模式，則傳送量也可以透過推桿調整。推桿旁邊也有頻道開關與「靜音（MUTE）」按鈕，在不需要特定頻道的場合相當實用。

這裡更重要的功能是「獨奏（SOLO）」按鈕，可以獨立監聽選擇的頻道訊號在未調整音量（推桿前）或調整音量後（推桿後）的樣子。在檢查接線的時候，如果在推桿前模式之下，即使各頻道的推桿都拉到最小（指音量全關），還是可以確認各頻道的接線是否正常。

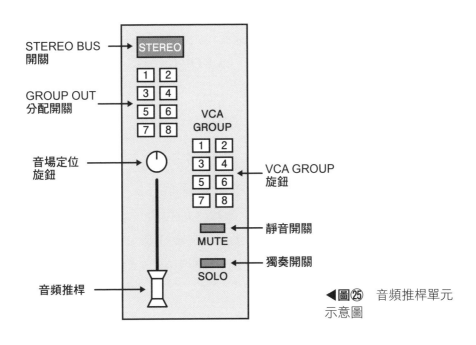

◀圖㉕　音頻推桿單元示意圖

這時候必須注意，訊號送往 MASTER OUT 時，音量並沒有經過調整。此外，只有從 MONITOR OUT 可以聽得到頻道的獨奏訊號。如果想要像錄音用的混音台，讓獨奏訊號也能送到 MASTER，則可以用「SOLO-IN-PLACE」按鈕，不過在 PA 領域不太會使用到。SOLO-IN-PLACE 按鈕通常會加蓋，以免不小心按到。

此外，這個部分通常也會包含GROUP OUT或VCA GROUP用的分配開關（詳見後面的「主輸出部分」說明）。

■立體聲模組

最近推出的混音台之中，有愈來愈多的機種，在一個頻道模組之中同時處理 LR 聲道的立體聲訊號，也就是所謂的「立體聲模組」。再加上 CD、MD 等播放器訊號的出入，在處理類似殘響之類的立體音效訊號回送時，是相當便利的功能。立體聲頻道模組跟單聲道模組大同小異，為了節省空間，立體聲模的參數等化器，有時會少一個頻帶。

■主輸出部分

在此要說明 VCA GROUP、GROUP OUT、AUX OUT、MATRIX OUT 與 MASTER OUT 等輸出單元。

①GROUP OUT（群組輸出）

通過推桿後的音訊，通常會經過 GROUP OUT（或是直接繞過）才到達 MASTER OUT。GROUP OUT 開關通常位於輸入部分或各軌音頻推桿部分，通常按下分配開關後，即可將音頻送至 GROUP OUT，無法再調整訊號的大小。在錄音室統整麥克風訊號的時候很有用，但幾乎不會用於 PA 的場合，因為使用 VCA GROUP 更方便。

②MATRIX OUT（矩陣式輸出）

MATRIX OUT 通常是將立體聲訊號混音後輸出，可以將與 MASTER OUT 相同的訊號，送到樂手休息室或大廳，也可以當成簡便錄音用的音源（參照第 145 頁）。通常類似會議中心或音樂廳之類有很多休息室的場館，都需要很多 MATRIX OUT，所以館內常設混音台，往往具有 24 到 36 組矩陣式輸出。此外，走 GROUP OUT 的訊號也可以從 MATRIX OUT 輸出。

③VCA GROUP

VCA（voltage-controlled amplifier）GROUP 是以電壓控制推軌群組參數的裝置，所以輸出端子中並沒有 VCA GROUP OUT 這選項。這個群組可以控制送往 MASTER OUT 的量。各音頻要傳到哪一組 VCA GROUP，都可以從音訊推軌部分控制。假設我們將鼓組的收音設為一個群組，就可以保持整組鼓音色的平衡，調整與其他樂器的音量比例。相對於 GROUP OUT 把所有音訊混成一組，VCA GROUP 則可以想像成推軌刻度的記憶組。

④MASTER OUT

主輸出處理立體聲訊號，所以需要左右兩組的二聯式推軌。當然也有一些混音台只有一組主音量推軌，但在調音之類的場合，若只需要左聲道音頻，二聯式推軌還是比較方便的。

主輸出也有插入點端子，可以插入圖形等化器或壓縮器等效果，但是基本上，串接到 MASTER OUT 都不會有問題。

■音控監聽

監聽用混音台的 MONITOR OUT，有一種專門的稱法為「音控監聽」（MONITOR'S MONITORING）。在小型展演空間，通常靠耳機監聽；舞台上的監聽喇叭，則用來讓表演樂手確認音量。這時

候，如果再用耳機逐一確認，會很浪費時間，所以在控台旁邊，通常會再多加一台監聽喇叭。

以音控監聽確認台上的音量平衡，必須以圖形等化器插接各個輸出。如果直接串接在輸出之後，將會無法確認過了等化器之後的聲音，所以音控監聽不可能完全精準掌握台上的音場。

■關於數位混音台

數位混音台具有內建效果器、切換內部連線自由度更高，與體積比類比機更小等優勢。在音質上，也因為可以將輸出入（I/O）介面與控制介面分離，縮短訊號的傳送距離（稱做「分離式」控台）等優點，讓品質得到相對的提升。又因為可以記憶（memory）設定，對於經常舉行演出活動的場館而言，是不可多得的寶物。大部分機種都使用 USB 隨身碟保存，只要有 8GB 的容量已十分足夠。

對音控而言，雖然操作上不能一目了然是很大的缺點，卻可以透過連接幾台 PC，顯示出所有的參數。近年 iPad 應用程式的功能更加充實，更能改善操作上的缺憾。在與類比效果共用的場合，也出現了本體附類比輸出入介面機種，以因應不同的操作習慣。此外也有內建電腦控制硬碟錄音介面的機種，將來在演出現場的需求度，應該會愈來愈高。

■取樣頻率

取樣頻率（sampling rate）可以決定聲音訊號高頻的最高頻率。

$$最高頻率 = \frac{1}{2} 取樣頻率$$

CD 等 44.1KHz 數位音訊的取樣頻率：

◀DIGICO SD7

▲YAMAHA CL5

▲USB隨身碟（拇指
碟、U盤：只要有8G
容量，就可以應付大
部分現場需要）

$$\frac{1}{2} \times 44.1\text{KHz} = 22.05\text{KHz}$$

　　即音樂 CD 只能收錄到 22.05K Hz 的音頻，為了提升錄音音質，
取樣頻率努力不斷提升。目前有 48KHz、98KHz、128KHz、256KHz
等取樣頻率，卻面臨了 PC 記憶體空間不足、CPU 處理速度與硬體延
遲等問題，所以錄音的取樣頻率至今仍無法提高。

■時脈產生器

　　在數位音響製作環境下，主機透過主控時脈與混音台、舞台連接
盒或數位播放器材連結，才能讓數位器材高度同步，達到音質的提

升。統一的時脈能，讓取樣頻率不穩定形成的抖動音減到最少，在專業音響領域是不可或缺的一環。

■延遲時間

延遲指的是資料訊號從送出到接收的時間，正式名稱為「單程延遲時間」。

延遲時間在數位音樂的創作現場，會形成與實體音色的時間差，甚至可能讓演奏無法進行。電視的影音不同步，是一個非常好懂的例子。

■A/D、D/A

在日常中我們常看到溫度、速度，或是聲波等連續的能量，都是屬於 analog（類比式；英式英文為 analogue）。將這些類比數量轉換為資料數值，就是 digital（數位式）。例如將音量以二進位法「0」、「1」表示，則可以將原來的類比量轉換成數位值。

A/D（analog to digital）指的是將類比訊號變換成數位訊號的轉換器，D/A則是反過來，將數位訊號變換成類比的轉換器。沒有這樣的器材，我們無法直接使用數位音響機器。

05 ▶ 效果器

PA 系統用的效果器分為頻率類、動態類與空間類三大項目，此外，還有結合上述項目的綜合效果器，我們只要記得基本的三大項目，就不難理解效果器的用法了。接下來解說各種效果器。

■頻率類效果器

頻率類效果器指的就是等化器之類，依照頻帶增減音量的器材。依照分頻方式不同，又分為圖形等化器與參數等化器兩種。

①圖形等化器

　　這種等化器的最大特徵，就是可調變的頻率皆為固定頻率。PA常用的款式為「1／3個八度」，意思就是一個八度頻帶裡包含三個分頻點。通常整台等化器有三十一個分頻點（所以被稱為「三十一段」，註記為1／3Oct.GEQ）。

　　一般等化器以 1kHz 為頻率基準點，這種款式在 1kHz 與 500Hz之間，通常又會有 800Hz 與 630Hz 兩個分頻點（圖㉖）。因為各個八度頻帶前後都有分頻點，這三個頻率（1kHz、800Hz、630Hz）如果能先記起來，更有利於日後的使用。如果進一步能記住所有頻帶的分頻點頻率，並包括各種樂器音色的頻率，這樣更能證明音控師的實力。

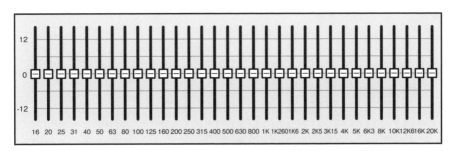

▲圖㉖　1／3 八度音、三十一頻帶的圖形等化器示意圖

　　圖形等化器的參數「Q 值」固定為 0.7（圖㉗）。Q 值是頻帶增益或衰減時的影響範圍寬度，如果以 1kHz 而言，對下面的 800Hz 也會造成影響。光從圖形等化器的外觀來看，似乎可以直接調整任何想要的頻帶，但千萬要記住，這全是誤解。

　　圖形等化器實際上使用於喇叭的調校與防止回授音，用來連到混音台的輸出端，修正喇叭的頻率曲線。不過在調校的時候，還是必須避免太繁複的微調。如果三十一頻帶之中有十個分頻點都被移動，對

於所有的音域都會帶來影響。假使 1kHz、800Hz 與 630Hz 三個頻率都要調低,則只先調低 800Hz,1kHz 與 630Hz 都不動,或許是比較好的處理方式。無謂的輕舉妄動不是好對策。

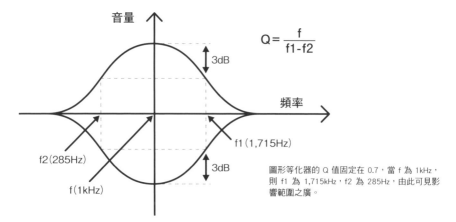

$$Q = \frac{f}{f1-f2}$$

圖形等化器的 Q 值固定在 0.7,當 f 為 1kHz,則 f1 為 1,715kHz,f2 為 285Hz,由此可見影響範圍之廣。

▲圖㉗　Q 值的示意圖

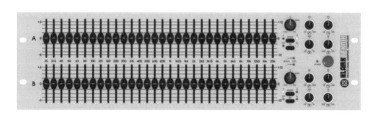

▲KLARK TEKNIK DN370

　　有時我們也會透過等化器製造特殊音色,例如讓無線麥克風帶有手持麥克風的音色,或是營造低音大鼓的聲音質感等。這種時候,會將等化器送進各頻道的插入點。

　　具體的例子,則包括了 KLARK TEKNIK 的 DN370,以及 dbx或 XTA 等各家公司的優秀機種。

②參數等化器

　　參數等化器可以改變頻帶的分頻點與 Q 值幅度，調整的自由度更高。這種款式也常常附加於許多等化器上，便於調整音色。常見的型態是「四階段全頻可調參數」款式，四個頻帶的 Q 值幅度與頻率都可以自由調整。不過不同機種的混音台，也有高低頻分頻點固定的三段式等化器，以及其他不同的組合。調整喇叭音色的外接效果器之中，甚至有十階段的款式。

　　參數等化器的調整自由度高，所以可以直接調整指定頻帶的音色，在無損整體音質的情形下，調整喇叭的音色並防止回授音。一個厲害的音控師，應該可以輕易地在 Q 值 0.2 的幅度下調整指定頻段，所以被認為「能以參數等化器調校音色，就能獨當一面」。

▲Meyer Sound CP-10

▶ATL DCP-10

③等化器數位化的優點

　　跟許多與許多器材一樣，等化器也不斷朝數位化發展。數位化的等化器能更輕易地保存設定，並且複製到其他機器上。

　　假設同時使用十台監聽喇叭，類比等化器必須逐一手動設定圖形等化器的參數，數位等化器則不需要這麼繁複的設定。在類似大型戶

外音樂祭之類的場合，操作同一控台的音控人員數量較多時，就會非常方便。本來，每換一個音控人員，就要調整一次參數，每個人有自己所屬的設定，若有人不使用，就直接讓訊號通過。而且，使用數位等化器，就可以記憶每個音控人員想要的設定，也可以減少現場的器材數量。

數位等化器中較具代表性的機種，包括了 KLARK TEKNIK DN9340 與 t.c. electronic EQ Station 等。近年數位音訊處理器日益普及，取代等化器的地位。代表性機種包括了 Meyer Sound Galileo GALAXY 816，以及 dbx DriveRack 系列等。

▲dbx DriveRack VENU360

■動態類效果

透過控制動態範圍，調整訊號音量大小的效果，統稱動態類效果，也就是壓縮器／限幅器、擴展器／噪音閘門之類的效果。

①壓縮器／限幅器

基本上，壓縮器用來保持訊號音量的穩定。也就是說，即使輸入音量很大，也能把它壓低。搖滾樂為了保持節奏感，會把貝斯或大鼓的音量調成同一電平。有時候為了保護前級擴大機免於受到突然大音量帶來的損傷，會在混音台的輸出端安裝壓縮器。這就是壓縮器的用法。

實際工作上，會先決定「臨界值（門檻；觸發音量）」的參數，好讓壓縮器發揮功效。低於臨界值的訊號直接通過，高過臨界值的訊號就會被壓縮，以降低音量。分歧點的高低決定了壓縮的效果（圖㉘）。

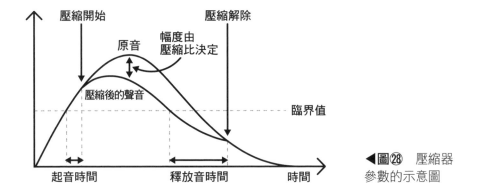

◀圖㉘　壓縮器
參數的示意圖

　　同時，也會操作決定壓縮比率的「壓縮比」、控制壓縮開始時間的「起音時間」與終了時間的「釋放音時間」三種參數（圖㉙）。壓縮比為 1：1 的時候，「輸入音量＝輸出音量」，而比例愈高，即 1：2、1：3、1：4……的時候，壓縮比就愈高。如果人聲的壓縮比太高，會產生類似打嗝的奇怪音色，所以一般設定在 1：2 或 1：3 的範圍之內。另一方面，在合音歌者麥克風的部分，會調到 1：4 左右，讓主唱的聲音不會被蓋住。想要維持貝斯的節奏感，則設定在 1：4 至 1：6 之間；想強調拍弦，也會調到 1：10 左右。上述的這些數值還是一個大略的參考值，實際使用的時候，當然還是要一邊聽現場音，一邊慢慢調整（而且各機種呈現的調整方式也不一樣）。

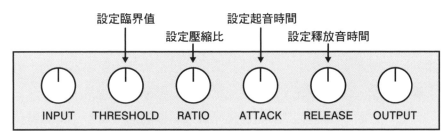

▲圖㉙　壓縮器的參數調整旋鈕示意圖

起音時間當然也很重要，在比較高級的機種上，起音時間可以縮得更短，能瞬間壓縮快速出現的聲音。反過來說，當起音時間長，會讓鋼琴、木吉他、打擊樂器等音色聽起來少一股勁，反而使得本來應該壓下去的音色更加突出，在使用上必須留意。

釋放音時間太長，也會使音色一直處在壓縮狀態，更需要細微的調整。尤其壓縮器的各參數的關聯都高，應重視邊聽邊調整的工夫。

限幅比 1：∞的限幅器，不論輸入音量再大，都能保持固定的輸出音量。過去的 PA 系統，會加在混音器輸出後端保護功率擴大機，而近年來，功率擴大機與喇叭的性能都有提升，所以許多地方都開始以限幅器取代壓縮器。

一般常見的限幅器以 dbx 為代表，也有其他許多廠牌。

▲dbx 160A。類比時代最具代表性的壓縮器。

②擴展器／噪音閘門

擴展器用於擴大小音量的訊號。一定音量以上的訊號會通過，只有小於設定數值的音量會被增幅。在維持音量恆定的目的與參數上，擴展器與壓縮器都相同，但擴展器的作用與壓縮器相反。如果一個歌手說話比唱歌小聲，就可以運用擴展器使兩者平衡。但 PA 系統有回授音的問題，所以現場很少使用擴展器。如果一時疏忽調高音量，不論如何都會造成回授音。就如同前例，一般都會透過壓縮器處理，降低觸發音量，保持壓縮效果的開啟狀態，以壓縮過大音量。

另一方面，噪音閘門讓超過臨界值的訊號通過。音量小的訊號無法通過閘門，只有在音量夠大的時候，閘門才會打開（圖㉚）。由於擴展器與噪音閘門的功能相似，常常被直接做成二合一效果器，例如DRAWMER的DS201，就是最常被使用的機種。

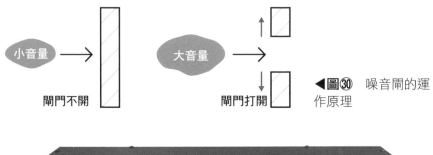

小音量 → 閘門不開

大音量 → 閘門打開

◀圖㉚ 噪音閘的運作原理

▲DRAWMER DS201是標準的噪音閘效果器

　　現場又應該如何使用噪音閘門呢？這裡以多支麥克風收音鼓組的情況來說明。假設一個部分架一支麥克風，總共架了十支。但鼓組最多同時發出四種聲音[3]，剩下六支麥克風等於沒用處。如果這六支麥克風收到其他部位竄出的聲音，會讓整體聲音的相位混亂，鼓聲聽起來也不自然。如果在各組麥克風的插入點連上噪音閘門，則只有接在發出聲音的鼓旁邊的麥克風才會發出聲音，就可以收到清楚的鼓聲。

　　當現場需要比較鮮明的聲音質感，會刻意強調擴展的部分，稱為「硬閘門」。尤其是爵士樂等原音樂器演奏的場合，鼓聲如果太乾淨，聽起來反而顯得無趣。這時可把觸發音量設定得低一點，例如在演奏通通鼓時，其他麥克風頻道的閘門也一起打開，但結束時，必須把噪音閘門全部關上，再把麥克風頻道全部收掉，即稱「軟閘門」。

■空間類效果器

　　指等化器或壓縮器類，主要用於各頻道的插入點，而空間類的效果器則用於混音台的輔助線路，所以又稱為「傳送／反送類」效果。在個別樂手演奏上可以附加的，也只有延遲與殘響兩種效果。當然效

3　譯注：指兩手打鼓兩腳踩踏板。

果的使用是建立在樂手與音控人員間的互信上，所以堪稱是可以完全發揮音控師實力的效果器。

①延遲

延遲泛指反響與回音，是音控現場塑造聲音質地上相當常用的效果。加在主唱頻道上，可以營造搖滾的氣氛，運用在獨奏上，可以增添突出性，是重要的加分工具。過去以類比效果器為主，現在則幾乎都被數位延遲效果取代。

延遲效果的主要參數是延遲時間，也就是一個延遲音的錄音時間。延遲時間可以由樂曲的節拍速度計算，而數位延遲效果器多半有「按鍵設定節拍」（tap to tempo）的功能，如果能跟著曲子的速度輸入拍子，通常可以得到準確的延遲時間。此外，數位延遲也可以簡單地由一個按鈕設定三連音、倍速延遲效果。如果將延遲時間調到最短，也可以做出機器人或外星人說話的聲音。

回授音（feedback）也是很重要的參數，它決定了延遲音的重複次數，而重複次數的種類與百分比，不同的機種有不同的設定方式。在搭配不同曲調與樂器時，都需要調整不同的回授音次數，千萬留意。

至於在傳送／反送線路上使用時，基本上會把「MIX」比率開到100%，在使用殘響的時候也一樣。

除了用於製造效果，延遲還有一種「延遲塔」的用法。當大型會場後方觀眾區也架設喇叭時，為了要縮短外場主喇叭傳遞至後方的時

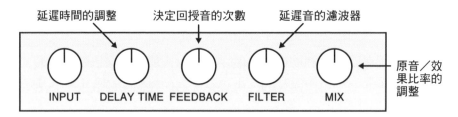

▲圖㉛　延遲效果的各參數示意圖（實際上以數位為主流）

間差，就會使用到延遲效果。如果前後喇叭距離 170m，只要加上 0.5s 的延遲，就可以產生自然的聲響。此外，有時也會利用前面在第 44 頁介紹過的哈斯效應，製造大約 20ms 的極短暫延遲，讓音場得以同步。所以即使音控台可以控制的延遲效果很多，不盡然只能拿來當成舞台噱頭用；關於音場同步方面，希望各位讀者可以仔細揣摩。

　　一般常見的延遲效果器機種，除了仍然相當受歡迎的 ROLAND SDE-3000 以外，t.c. electronic 等品牌的產品也很常見。

▲ t.c. electronic D·TWO 也是許多人喜愛的數位延遲效果器

②殘響

　　殘響是模擬聲音在空間反射的效果，對於以近距離收音為主的 PA 現場，是不可或缺的工具。因為近距離麥克風收不到餘韻，如果控台不加點殘響，聽起來總覺得不太對勁。所以一般的標準設定，會提供主唱用、樂器用與鼓組用三種殘響。音效用的延遲效果器通常只要一台，所以空間類效果器最普遍的組合方式，是一台延遲加上三台殘響。

　　殘響的參數包括殘響時間、殘響音濾波器、空間種類等重要因素（圖㉜）。殘響時間調節殘響長度，空間種類選擇「音樂廳」或「室內」等模式，殘響音濾波器則調整殘響音的明亮度。人聲或薩克斯風的殘響時間通常為 2.6 至 2.8 秒，而不同的樂器與人聲，通常會影響殘響時間的調整與空間種類的使用。如果空間一樣，就調整殘響時間；如果殘響時間相近，就調整空間種類。如果把鼓組的殘響時間調短，則可以讓音樂整體更加清晰易聽。這種微調其實並不容易。

　　此外，因應場地寬度深度調整前置延遲時間，以及依照樂器調整專屬的立體音像，也是相當重要的作業。將主唱的音場放寬到左右全

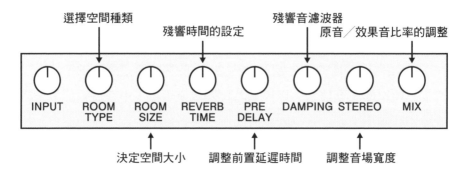

選擇空間種類　　　殘響時間的設定　　　殘響音濾波器
　　　　　　　　　　　　　　　　　　　　原音／效果音比率的調整

INPUT　ROOM　ROOM　REVERB　PRE　DAMPING　STEREO　MIX
　　　　TYPE　SIZE　TIME　DELAY

決定空間大小　　調整前置延遲時間　　調整音場寬度

▲圖㉜　殘響的參數示意圖（實際上以數位為主流）

寬程度，無妨，但鼓組的小鼓或吉他則不適合開得太寬，必須留意。

　　在 PA 現場常用的機種，包括 YAMAHA SPX990 或 REV5 之類的老機器，也有類似 t.c. electronic M5000、YAMAHA SPX2000 等新型綜合效果器，功能也千變萬化。最近，還有一種取樣真實空間殘響的「取樣型殘響」效果器上市，在執行無伴奏合唱音控的時候，可以模擬出「阿波羅劇院[4]」一般的效果，增添現場的聆聽樂趣。

▲YAMAHA SPX2000

06 ▸ 功率擴大機

　　功率擴大機是讓喇叭發出聲音的器材，也是所有「擴大機」之中，最講求輸出功率的一種。過去最高等級的機種大概 300W，現在市面上已經推出到 1,000W 到 1,500W 出力的機種了。發展之快，恍

4　譯注：Apollo Theater，位於紐約哈林區，於一九一四年開幕的音樂展演空間，
　　是美國流行音樂的搖籃。

如隔世。

　　雖然這種器材的可變參數只有輸出音量之類，卻扮演決定音質的最末端角色，所以可說是非常重要的一部分。接下來將解說功率擴大機的各種特徵。

■與喇叭的關係

　　我們時常以前面所述的「瓦數」，做為衡量功率擴大機性能的參考基準。喇叭的阻抗通常是 8Ω，那麼 8Ω 就成了擴大機輸出功率的參考基準。假設有一台 300W 的功率擴大機，並聯的兩組喇叭加起來會形成 4Ω 的阻抗，所以可以輸出 600W（**圖㉝**）。以此類推，當阻抗愈低，輸出功率就愈高；但阻抗太低，卻會導致短路現象。所以，廠商常常會標示「請搭配阻抗 4Ω 以上的喇叭使用」。

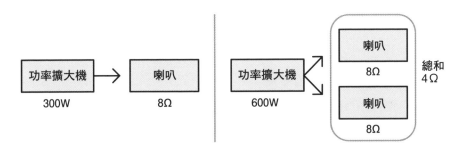

▲**圖㉝**　喇叭數量與阻抗的關係

　　而在訊號增益方面，混音台的輸出音量為 +4dB，功率擴大機的輸出增益則為 26dB。換句話說，就是 30dB 需要幾瓦去推送。大部分機種都可以從機身上的 VU 計看到輸出訊號量，在節目進行中，監控錶頭是舞台助理的重要任務之一，因為如果演出期間有喇叭報銷，演出就完蛋了。

　　而功率擴大機也有一個顯示喇叭是否在控制範圍內的指標，稱為「阻尼因素」。喇叭單體由紙張等材質製成的錐盆振動產生聲音，至

於這些振動如何被控制，而能忠實重現訊號，就是阻尼因素的功用。具體而言，如果能降低輸出阻抗，就可以提升阻尼因素（喇叭的阻抗÷功率擴大機的輸出阻抗＝阻尼因素），這時使用好的料件，就成為很重要的環節了。如果只有加強電流輸出，對任何擴大機都沒有什麼區別，但只要加入音質的因素，我們就應該選擇能充分控制喇叭的擴大機。

　　如果以降低輸出阻抗而言，縮短功率擴大機與喇叭間的距離，以及使用粗口徑喇叭線，都是一般使用的方法。即使功率擴大機的阻尼因素再好，喇叭線太長，就如同提升阻抗，到頭來音質還是一樣糟。

▲上為CROWN I-Tech HD系列的
IT1200HD，右為同廠牌I-Tech
4x3500HD

■附訊號處理器的功率擴大機

　　本書後半「應用篇」會提到，近年來的音響系統之中，內建功率擴大機的主動式喇叭（如 Meyer Sound 或 RFC），或是不僅止於擴大混音台訊號與驅動喇叭，也內建 EQ、壓縮器、和音／延遲音等效果處理器，讓音響系統常保最佳狀態的功率擴大機的機型，有日益增加的趨勢。如同前面提到內建擴大機的主動式喇叭系統，為了發揮喇叭最大功效，通常建議使用同廠商的擴大機，與其使用主打商品，不如注重機型的搭配，才能發揮應有的效果。但從過去到現在，一直都有適用於各廠牌喇叭系統的款式（如 LAB.GRUPPEN 的 PLM 系列、Meyer Sound GALAXY 系列等）。

◀LAB.GRUPPEN
PLM20000Q

■與混音台的關係

在實際的演出現場，根本不可能只靠一台功率擴大機就挑起大樑。如果有八顆低阻抗喇叭，就需要四台擴大機去推（**圖㉞**）。這麼一來，從控台看，阻抗就變成四分之一了。但是控台基本上都是低阻抗，如果功率擴大機的輸入阻抗也低，就會發生問題。

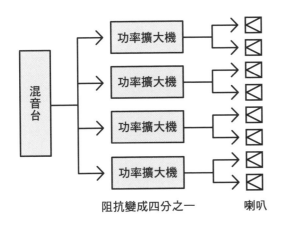

阻抗變成四分之一　　　　　喇叭

◀圖㉞　只靠一台擴大機推全場，並不切實際

阻抗又以「低輸出／高輸入」為基本原則，輸出跟輸入在理想上最好有十倍左右的差距，否則就無法得到合適的輸出功率。過去混音台的輸出規格通常是 600Ω，最近漸漸出現 100Ω 左右的機種。總之，如果一台擴大機的阻抗是 1kΩ，接四台擴大機有 4kΩ 的話就沒有問題。最近的功率擴大機，輸入阻抗大概都在 10kΩ 左右，即使輸入十倍的訊號都沒問題。

這類阻抗的問題，在大型演唱會之類的場合則顯得事關重大。如果使用既有輸出阻抗 600Ω 的混音台，以前面提的範例而言，功率擴

大機則必須具有 24kΩ 的輸入阻抗。但是如果輸入阻抗太高，主喇叭就會發出像吉他音箱那樣的滋滋聲，以前甚至有大型演出因而取消的案例。隨著科技的進步，演唱會也進入了高功率的時代。

07 ▸ DI

「DI」是「Direct Injection Box」的縮寫，即直接連接盒，是線路連接混音台不可或缺的器材。不管是以麥克風收原音樂器、電貝斯、鍵盤樂器、音源機、DJ 混音器之類，都要接 DI。DI 基本上是主動型，可以透過仿真電源送電，也可以用電池驅動。

COUNTRYMAN Type85 是使用已久的標準款式，最近也有 BSS AR-133 等各式各樣的選擇。過去，也常常以「轉換盒」取代 DI 使用。轉換盒以 JENSEN 最具代表性，但價格都偏高，所以最近幾乎看不到哪裡還在使用。

那麼，為什麼線路類要過 DI 呢？主要有兩個理由。

■ 阻抗的轉換

DI 的第一種用途，就是轉換阻抗。電吉他與電貝斯之類的樂器輸出訊號微弱，必須要提高阻抗值，才能形成足夠的訊號，但同時也很容易產生雜音。這也是吉他或貝斯音箱會發出類似「滋─」或「嗡─」等雜音的原因。

如果我們把高阻抗輸出直接接到混音台，會產生阻抗減少或輸入功率不足之類的問題。這都是因為混音台阻抗低的關係，才需要使用 DI 轉換阻抗值。

這時候可能會產生一個問題：電貝斯會接 DI，電吉他卻很少接 DI，又是為什麼？換句話說，如果兩顆音箱都以麥克風收音，就不需要再使用 DI 了，又為什麼只有電貝斯需要使用 DI 呢？

電貝斯是負責低音聲部的樂器，其實具有相當大的意義。置身大

▲COUNTRYMAN Type85

▲COUNTRYMAN Type10

▲BSS AR-133

◀Radial J48

型場館聆聽就會知道，低音非常容易因為空間的折射而變得模糊，讓聽眾很不容易聽清楚。但是，貝斯又擔負著節奏組的核心角色，音控必須盡可能凸顯出低音。這時候就不以麥克風收貝斯音箱的聲音，而將線路收到的聲音送到主場喇叭，以達到更清楚的低音。這時候的貝斯音箱，只提供貝斯手監聽用，可說是將主場喇叭當成大型的貝斯音箱使用。

另一方面，電吉他的音色「也包含音箱製造的音色在內」，所以只需以麥克風架在音箱喇叭旁收音。再者，吉他手不太會負責樂團裡的低音部分，所以用麥克風收音也就夠了。

■非平衡→平衡的轉換

類似電子鍵盤樂器或 DJ 混音器之類的器材，都採低阻抗輸出。光由這點來看，似乎不需要使用 DI，但如果需要長距離連接，就需要在中間連接 DI。這就是將非平衡訊號轉換成平衡訊號的過程，目

的在減少線路傳送中的雜音。後面在第 116 頁會介紹平衡與非平衡線路的區別，如果要將台上的線路訊號送到控台，就記得 DI 的使用，是為了要防止不必要的雜音。

　　至於主混音台旁邊的 CD 唱盤等器材，則因為線路較短，而不需要特別使用 DI。

08 ▸ 器材的規格

　　本章的結尾，則簡單解說各種器材常見的規格。

■頻率響應

　　這是指一台器材可以發出平坦頻率的範圍。從麥克風到喇叭，所有器材的頻率響應都有重要的意義。基本上我們希望有寬一點的範圍，但大鼓專用麥克風或次低頻喇叭等，專為特定頻帶開發的產品，則不在此限。

■感度

　　指麥克風對於固定音量的音源有多少輸出，以 dB 為測量單位。感度好的麥克風可以輸出大音量，雖然可以稱為好的麥克風，但是為了拉寬頻率響應，有些機種也會刻意降低感度。所以光是追求高感度還是寬頻帶，都是不夠的。

■S／N比（訊噪比）

　　指訊號（signal）與雜訊（noise）的比率。基本上，就是雜訊在一個音訊中占有多少 dB 的意思。沒有一台機器能完全沒有雜訊，只能將雜訊的比例盡可能做到最小。S／N 比愈小，就表示沒有訊號通過的時候，「沙—」之類的雜音更少，也就表示這台機器更高級。對處理線路訊號音量的效果器或功率擴大機而言，還沒什麼大問題；但

是，對麥克風前級或混音台而言，就事關重大了。如果這類器材在S／N比的表現太差，只要一通電就會發出沙沙聲，就很難拿來執行音控作業。

■動態範圍

指一台機器從最大聲到最小聲的表現範圍。範圍愈寬當然愈好，也以 dB 為單位。一台 S／N 比與動態範圍都是∞的器材固然最理想，但在現實裡並不可能存在。以現行的器材而言，如果輸入訊號超出動態範圍，會產生失真的情形。

■輸出音壓電平

指一顆喇叭在輸入固定頻率或頻段的 1W 訊號時，在 1m 距離測得的音壓電平平均值。數值愈高，發出的聲音愈大，PA 系統用的喇叭通常在 100dB／W 以上。

■最大輸入功率

指即使長時間連續運轉，也不會產生異常的輸入功率，單位以 W 表示。最大輸入功率，則是器材能承受的最大輸入功率，也就是短時間能承受的最大輸入功率，單位也是 W。

■關於訊號電平

基本上，PA 系統就是透過（混音台內建）麥克風前級擴大麥克風訊號，再透過功率擴大機增幅送到喇叭的器材。在此我們要理解輸出入電平的學問。

通常麥克風的音量在 -40 至 -60dB 之間，而專業用 PA 器材的基本線路輸出為 +4dB。所以麥克風前級或混音台，通常需要增幅 44 至 64dB 左右，功率擴大機又會增幅 26dB，所以總共會增加 70 至 90dB 的音量。

　　這時候我們會透過 VU 計或峰值顯示燈監看訊號電平，相對於 VU 計顯示了輸出電平的平均值，峰值燈則顯示了電平的瞬間最大值。而 VU 計的 0VU 是 4dBm，在輸入 600Ω／1mW 電平的時候，相當於 1.23V 的電壓。當電壓 0.775V 的時候，就表示是 0dBm。

　　實際運用上，一般習慣以峰值顯示燈監看混音台輸入訊號是否過大，以 VU 計測量混音台或功率擴大機的終端功率。因為 VU 計價格昂貴，最近開始出現可以切換峰值或 VU 值顯示的 LED 燈，導致 VU 計愈來愈罕見。

▲VU計

▲峰值顯示燈（圖片左邊）

PART 4

線材與接頭

01 ▸ 麥克風線

在「基礎知識篇」的最後，則要解說各種導線與接頭。接好各種導線是音控的基本功，切勿掉以輕心。

PA 系統用得到的線材，大致可分為五種：①麥克風線、②喇叭線、③排線、④轉接線，以及⑤電源線。只要有這五種線，就可以讓現場執行順暢，反之，缺一音控就不成立。最近數位混音台與無線麥克風普及，所以同軸電纜線、LAN 網路線與 USB 線也變成現場必備品。

顧名思義，麥克風線就是連接麥克風與混音台或麥克風前級之間的線。約 2 至 3m 長的麥克風線，為了與長線有所區分，也會被稱為「腳架線」或「短線」。麥克風線的兩端是 XLR 規格，由 ITT CANNON 生產的接頭，分為 XLR-3-11C（母／female）與 XLR-3-12C（公／male）兩種；NEUTRIK 的接頭，則分為 NC3FXX-B（母／female）與 NC3MXX-B（公／male）兩種，亦即所謂「公母構造」，特色是只要插到端子裡就會卡住，經得起用力拉扯。

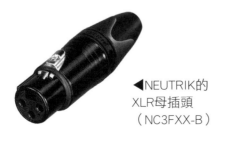

◀NEUTRIK的
XLR母插頭
（NC3FXX-B）

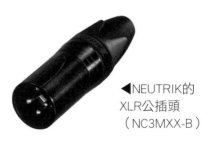

◀NEUTRIK的
XLR公插頭
（NC3MXX-B）

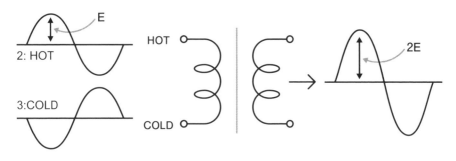

▲圖① 差動輸入的原理

　　XLR 規格的線路採平衡型傳送，可以傳送的電平比非平衡高出 6dB（圖①）。差動輸入還可以有效隔絕雜音。雜音基本上是正方向的訊號，在輸入時可以透過差動輸入的機制抵銷（圖②），所以專業的 PA 現場，基本上都以平衡線路傳送。尤其麥克風等器材的訊號電平微弱，即使有一點點雜音混入，也會被聽得一清二楚，更應該以平衡傳送防止雜音的產生。

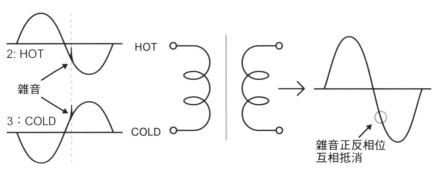

▲圖② 雜音消除的機制

　　而 XLR 還有另一項優點，就是插拔時的安全度高。通常在平衡線路裡，會以三芯線（1：GROUND，2：HOT，3：COLD）傳遞訊號（圖③），XLR 的平衡輸出更先連通地極。公插頭的插針長度相同，但母插頭的接點以1最先通電，使得公母兩端電位相同，接觸時

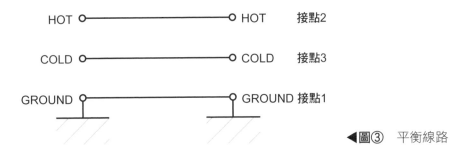

HOT ○————————○ HOT	接點2	
COLD ○————————○ COLD	接點3	
GROUND ○————————○ GROUND	接點1	

◀圖③　平衡線路

也不會產生噪音。即使 XLR 線可以充分降低現場的雜音，現場為了安全起見，在插拔麥克風線的時候，都會先開靜音。

02 ▸ 喇叭線

喇叭線連接功率擴大機與喇叭，過去常見裸線頭直接連接，但隨著近年器材輸出功率提升，大部分 PA 系統都使用喇叭專用端子，以確保現場安全。

喇叭線基本上傳送非平衡訊號，因為傳遞的訊號大概帶有 50V 的電壓，大概是日本家用電壓的一半，即使摻雜一點雜訊，也幾乎不會造成影響。假設有某雜音對 50V 造成影響，它的電壓至少也需要有 20V 以上，但實際上這種現象幾乎不可能發生。所以喇叭線才可以放心以非平衡方式傳送訊號。

◀NEUTRIK 喇叭線中繼轉接頭（NL4MMX）

▲NEUTRIK NL4 的上面（左圖）和側面

117

03 ▶ 排線

　　近年來，許多舞台都透過排線箱將線路連接到控台（**圖④**）。當麥克風數量多的時候，台上有十幾二十條線一路連到控台，既有礙觀瞻也難收拾。排線箱可以想像成八條麥克風線綑成一束的整理盒，以8ch、16ch、32ch等型態，同時傳送多組訊號。

　　如果麥克風線使用 XLR 端子的話，就稱為「前端平衡排線」；系統化的端子則稱為「排線箱」。等級比較高的排線箱，還內建仿真電源與離地開關，使用上更加方便。

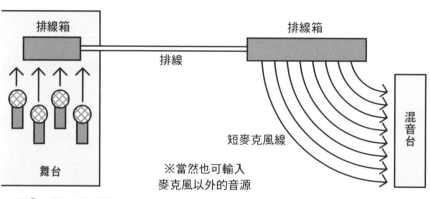

▲**圖④**　排線的用法

◀Whirlwind 的16ch 排線箱

04 ▸ 轉接線

PA 系統主要採用 XLR 形式傳送平衡音訊，但也會基於各種因素，使用市面上的一般音響器材，例如樂手自備的 CD 音響類。

為了因應這樣的場合，音控必須準備各種轉接線（**圖⑤**）。所謂的「100 號」，指的就是 JIS 規格編號100的耳機插頭，「RCA」則是 CD 播放器之類使用的紅白梅花頭端子。但是在使用上要記得，轉接頭都是非平衡訊號，無法傳送平衡訊號（**圖⑥**）。

身為一個音控人，最好具備自製轉接線因應各種需求的能力。帶到現場的線材，則是愈簡單愈好。

4

線材與接頭

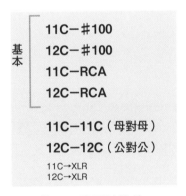

基本
- 11C－#100
- 12C－#100
- 11C－RCA
- 12C－RCA

11C－11C（母對母）
12C－12C（公對公）
11C→XLR
12C→XLR

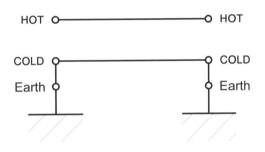

▲圖⑤　PA常用轉接線　　　▲圖⑥　非平衡傳送

▲各種變換線：由左至右為 TRS-11、2P-12、RCA-12

05 ▸ 電源線

　　電源線也依照器材不同，分為二孔（雙插刀）插頭與三孔（三插刀）插頭，還有一種 C 型，以及各種特殊插頭。就如同音源線，二孔傳送非平衡電流，三孔傳送平衡電流。歐美的產品多半以三孔為前提，使用上要多加留意（參照第 63 頁）。

　　此外，由於電源線具有電壓，必須避免接近麥克風線，以免產生雜音。麥克風的電壓約為 1mV，不論做好多少遮蔽，都很容易因此產生雜音。

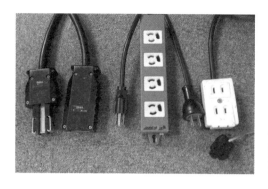

◀各種電源線（由左至右為C型、三孔、二孔。右下為二轉三用轉接頭）

應用實踐 篇

PART 1

音響系統的設置

01 ▶ 簡易PA（店面、會議室規模的音響系統）

即使同樣歸類於 PA 系統裡，器材的配置也會依場地大小、容納人數、活動內容與環境等因素，形成很大的不同。在這一章裡，要來介紹不同容納人數與活動內容的 PA 系統設置。

首先是「簡易 PA」系統。通常我們會以「活動用 PA」稱呼，就是使用於一般店面或會議室裡的音響系統，重視的是最少的器材、最小的體積和最短的布置時間，以輕薄短小、乾淨俐落為原則。

這種系統一般由腳架型喇叭、麥克風兩至三支、CD 等播放器與 8ch 混音器（最近使用數位主控台的場合更多），以及一台功率擴大機組成（圖①）。這種系統使用的混音器，也常常內建功率擴大機，

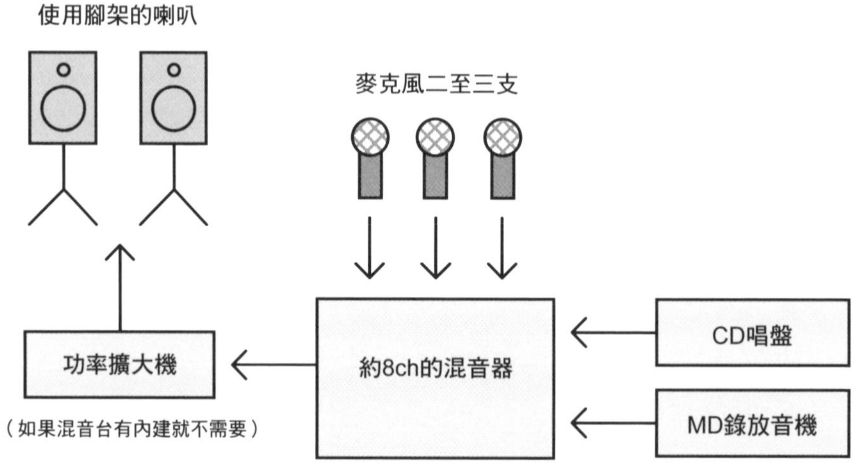

使用腳架的喇叭

麥克風二至三支

功率擴大機 ← 約8ch的混音器 ← CD唱盤

（如果混音台有內建就不需要）

約8ch的混音器 ← MD錄放音機

▲圖① 簡易PA系統

可不需要額外連接混音器與擴大機。不但大大縮短裝台時間，也可避免線路連接上的困擾，還可以省去擺放功率擴大機的空間，為現場執行帶來很多好處。如果是店面內的現場演奏，只要另外接一組監聽系統（監聽喇叭及專用擴大機一組）與殘響之類的效果，就可以執行音控工作了。所以，能夠因應不同場合調整，可說是這種系統的最大特徵。

在喇叭方面，過去向來以 BOSE 802 為主，有許多地方稱為「BOSE 組合」。但是最近也有愈來愈多的廠商推出可以接腳架的喇叭，所以我們對此有更多選擇。

在這類場合執行工作，一開始就需要跟主辦單位要求舞台設置圖（最近常常被放在電子郵件的附檔裡），如果可以大致了解現場大小，也可以預想攜帶線材的長度。此外，通常也會事先確認現場有無演奏台，並順便詢問，舞台上應該使用桌上型麥克風，還是裝在腳架上的麥克風。如果業主要求「想要帥帥的桌麥」，我們就會準備 SHURE MX418D／S或COUNTRYMAN Isomax 等款式。而麥克風的

▲NEXO PS15-R2

▲Electro-Voice SX300也是活動現場常見的款式

◀SHURE MX418D／S
（桌上款）

數量，也會依照演出者的人數決定；至於現場要不要錄音，表演者進場要不要放音樂，以及活動有無背景音樂，都是演出前需要確認的環節。許多展演空間都擁有最基本的 CD 唱盤播放器，如果能把 CD 唱盤、MD 播放器、圖形等化器、殘響效果與音頻處理器裝進同一個機櫃，遇到台上有人突然想要高歌一曲的時候，就顯得特別方便。正是因為不需要更動事前的連線，還可以臨時追加效果，內建效果器的小型混音器，在小型活動上可以發揮的空間也更大了。

　　此外，單次活動通常不會再附舞台設置圖，而是從對方提供的企畫書來規劃器材，並且建立運送器材的備忘錄，例如準備 Sx300（腳架）兩支、MACKIE.16 混音器一台、SHURE SM58 五支之類，也不用逐一列出要幾條線，麥克風當然都含有腳架，這些都不言而喻。麥克風線先準備個十條……之類的內容，都在回傳業主的時候決定。當然，如果會議室需要前置作業，則需要更詳細的清單，線路的長度也必須被嚴格要求。不過通常單次活動，幾乎都感受不到「PA 系統規劃」的正式性。

02 ▶ 展演空間（Live House）、中小型場館

　　在展演空間（通常是商業大樓地下室，可容納一百名觀眾的大小）或中小型的多功能展演廳執行音控時，基本上會使用他們既有的 PA 系統（本書假設直接使用中小型多功能廳的列表器材）。所以，我們更應該因應活動需求，規劃出相對應所需的器材。而且，許多場所的狀況，都是每天有演出幾乎沒有空檔，所以，也需要考慮到器材的使用時間與各種極端的狀況。例如，舞台與控台之間已連接排線，而控台已經先把線路都串好了。通常舞台上輸入的插座編號，差不多都對應了混音台上的頻道（圖②）。

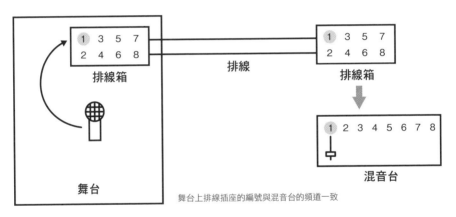

舞台上排線插座的編號與混音台的頻道一致

▲圖② 　展演空間的排線箱

　　此外，這種等級的場地，一般除了固定在牆上或舞台上的喇叭系統以外，還會有 24 至 32 軌輸入／6 至 8 軌輸出的混音台，與足以處理樂團表演的基本效果器與監聽喇叭系統等。接下來，將簡單列出一些器材，不過因為常有自備器材的狀況，所以記住，盡可能選用一些普遍使用的器材。太特殊的器材，可能造成不熟悉場地環境的音控師在操作上的不適應，到時候就不妙了。

■喇叭

　　喇叭系統和控台，都像場館的門面一般重要，這兩個元素會引起觀眾的注意。喇叭音色，會依照廠商不同而有各家的特色，須跟著留意配置。演奏搖滾樂為主的場地，如果無法傳送夠大的音量，就是一大問題；小空間可以擺放喇叭的位置也有限，所以有必要選用小體積的高功率喇叭；卻又不能太小台，以免播放出來的聲音會被觀眾嫌棄。所以，一般所謂「搖滾樂用的喇叭，要堆滿整面牆」的印象，至今依然強烈。

　　而實際上這種等級的喇叭之中，又以 d&b audiotechnik、FUNKTION-ONE 或 Meyer Sound 等品牌最為常見。FUNKTION-ONE 是原任職於 Turbosound 的設計師東尼・安德魯斯（Tony Andrews）單飛後成立的公司，其產品的特色是可以懸吊卻不能串成一組，而必須排成縱長的陣列。以橫長陣列為主流的今日，延續 Turbosound 系統的縱長陣列，是 FUNKTION-ONE 一貫的堅持，也

▲d&b audiotechnik縱長陣列Y8

▲FUNKTION ONE Resolution系列喇叭的懸吊示意圖

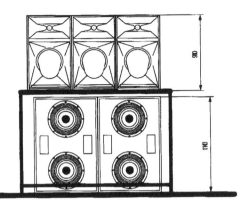

◀圖③　單側的「上三下二」音箱配置圖

有固定的支持者。前面擺兩道縱長陣列，地面次低音喇叭一支，二樓再掛一組，就可以形成想要的音場。有時候也會在低音音箱上疊三個全音域音箱，形成所謂「上三下二」，圖③即為單側的配置圖。

　　最近還有不少場地，採用像 Meyer Sound UPA 等只用兩支全音域就撐起全場的喇叭。其實這種場合也多半把次低音喇叭放在舞台下，全音域則從天花板懸吊下來。有時候也會搭配兩支 Bose 802 或 Electro-Voice SX300，或是同廠牌的單箱式喇叭……因應各種場地的大小與音樂屬性、執行預算等因素，會用到各式各樣的喇叭。

■控台

　　這種場合使用的控台等級需要的頻道總數，必須能因應樂團演奏的需求，也需要足夠的監聽喇叭輸出用頻道。

　　從現場需求來看，輸入頻道包括節奏組（鼓、貝斯、吉他、鍵盤樂器）所需的麥克風或線路用、合音用、主唱用、預錄音效或背景音樂用的 CD 唱盤或 MD 播放器用的頻道、外接效果反送用的頻道，林林總總加起來也需要 24 至 32 個頻道。這種等級的場地為了要顧及主控台到監聽喇叭間的訊號，通常會預留 6 至 8 個頻道做為監聽喇叭輸出用，我們稱為將訊號「送回舞台」（送 MO；monitor）。

　　中型規模的控台之中，有許多設備符合這種規格，例如

▲類比控台逐漸被數位機種取代。圖為YAMAHA數位控台QL5

YAMAHA 的 24 頻道＋立體輸入，AUX OUT 共 8 個的混音台，便成為業界的標準配備。也有不少地方可以看到 Soundcraft 混音台的蹤影。至於控台，就像喇叭系統，做為一個展演空間門面的重要性，其實也可以從混音台的等級與規模看得出來。所以，選擇混音台時，應該把租用的空間、預算、聲音品質等項列入考量，慎重考慮。

■外接式效果器

隨著控台的數位化，外接效果器也逐漸被統合進數位混音台裡，即使一般外接機櫃裡只需要喇叭管理系統（訊號處理器），而幾乎不用其他器材，但因應活動的專屬音控人員需求，還是有不少地方保留了過去（類比混音時代）使用的器材。通常使用了圖形等化器（KLARK TEKNIK DN360）、空間類效果中的延遲效果器（t.c. electronic D·TWO）、綜合效果（YAMAHA SPX-2000）、殘響效果（LEXICON PCM96），插入點端子用的壓縮器（dbx 160 系列）與噪音閘門（DRAWMER DS201）等。這證明了，即使數位混音器內建愈來愈多的效果器，大家還是習慣用外接式效果。

▲LEXICON PCM96

■監聽喇叭

　　展演空間的舞台監聽喇叭（地板喇叭），過去以 Electro-Voice 的 FM-1202、FM-1502，或是左右距離較長舞台兩端使用的 Electro-Voice SX300 為業界標準配備，近年多為 JBL PROFESSIONAL SRX800 系列。小型展演空間不另外配置監聽專用混音器，通常直接由音控台控制（從全場的主混音器送出訊號）。頻道數包括外側 L／R 在內，通常會給台上的每一個樂手各一支監聽喇叭，故以四頻至六頻為主流。最近則有施工者依照自己的喜好，或是考量場地音響的統合，而傾向使用同廠牌的主喇叭與監聽喇叭。

▲JBL PROFESSIONAL SRX812P

◀d&b audiotechnik MAX2

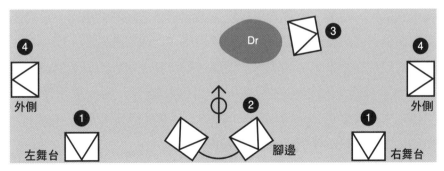

▲圖④　監聽喇叭的系統示意圖。左右舞台為一系統，腳邊一系統，鼓組一系統，側面一系統，共需要四組輸出

■進場時的注意事項

　　最後來說明，把自己公司設備，帶去外面展演空間時的注意事項。因為展演空間現場已經有器材，要使用的主要還是對方的器材，這時候更應該確認對方的設備清單。如果中小型展演廳也有移動式控台，就可以離開控制室，在觀眾席內操控，這點最好先仔細確認。如果對方設備不足，可能需要攜帶到足夠現場使用的程度，在中小型展演廳布置前，也可以逐一簡單記錄。展演空間通常不會預留自備器材用的空間，所以也要盡量習慣去操作對方既有的器材。

　　展演空間通常備有屬於自己的器材清單與舞台配置圖格式，演出者得以透過繪圖示意向音控協調。所以音控只要照著樂團回傳的器材清單與舞台配置圖，就可以直接執行。中小型展演廳的活動內容種類不一，也以使用他們的設備為前提，索取館方的器材清單與配線圖。隨著數位混音台的廣泛使用，最近在許多展演空間工作前，除了回傳使用器材清單與配線，也可以預先製作預設混音參數資料，當天再以混音器讀取資料（灌進混音台）。

03 ▸ 全場站位展演空間

　　這小節要說明可容納約一千名觀眾的展演空間。這種空間型態與過去的展演空間或展演廳完全不同，可說是別出心裁的空間規劃。這種空間最大的特徵，大致就是舉行巡迴演唱會之類的活動時，可以不用再準備自己的燈光音響。光是硬體規格與場地規模兩點，就可以讓過去必須用好幾卡車運送器材才能執行的活動，可以用更低的成本，更簡單地執行。最近這種型態的空間也最熱門，例如東京澀谷的SHIBUYA-AX、Zepp 各館、O-EAST、東京巨蛋 CITY HALL、BLITZ 家族等級的空間，都屬於這個種類。

　　而這類空間因應巡迴的系統化設定，幾乎都配備了訊號分配器，甚至連音響轉播車用的排線箱都有準備，以因應音控以外的各種用

途，具有相當大的彈性。接下來讓我們看看這類場地的系統配置。

■喇叭

　　這種等級的場地，基本上都會使用垂直陣列式系統。這種系統，即使在巨蛋、體育館程度的演唱會上都不容易見到，主要是從天花板懸吊於舞台兩側，而非從地板堆疊上去。

　　仔細觀察就會發現，這種陣列是以每邊高八低四，也就是八組高音域音箱搭配四組低音域音箱而成（**圖⑤**）。懸吊起來的喇叭陣列，又經常以八個音箱做為「一組」。

　　前面提到喇叭與控台象徵了一個場地的門面，所以在成本上也肯放手讓設計師自由發揮。不同的場地，可能會出現 L-ACOUSTICS K2、JBL PROFESSIONAL VTX V 系列、Meyer Sound LEO 家族、NEXO GEO M12、d&b audiotechnik J 系列各式各樣的喇叭。

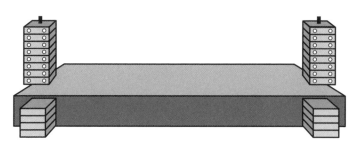

▲圖⑤　單邊高八低四組合（上面八顆喇叭採懸吊設置）

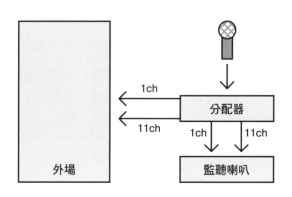

1ch

11ch

分配器

1ch　11ch

外場

監聽喇叭

▲圖⑥　使用同線路以防止共用頻道

■控台

展演空間通常以主控台送訊號給監聽喇叭，但這種等級的場地，通常會在舞台邊獨立設置一個監聽用的混音台，所以一個場地就會有主控台與監聽用的控台。此外，這種場地通常也會在舞台上直接進行訊號分配。

主混音台通常以六十四頻道輸入的大機台為主，監聽用的則為四十八頻道。不過話說回來，即使場地很大，也不是每一場活動都要用到這麼多頻道，那麼這麼大的混音台，又有什麼優點呢？

例如有兩組樂團表演，兩組團都有各自的鼓組。如果要依照前後組分配使用頻道，多頻道就顯得非常方便。

如果配線都一樣，把樂團 A 的鼓組分配到頻道 1 至頻道 10，樂團 B 的鼓組分配到頻道 11 到頻道 20，也省下對照線路表（參照第 151 頁）的工夫，直接分配到監聽混音台（圖⑥）。這種時候，監聽用混音台相對的也必須夠大，除了來自主控台，不包含效果反送與控台播放部分的訊號外，都會分配到監聽用混音台的各頻道。基本上，就是即使有許多演出組，都不需要共用頻道，而使用各自的頻道。監聽混音台的輸出頻道數，也以十二至二十四頻道居多，可以免於與輸入共用頻道。就使用的好評價，幾乎可以說大家都用 MIDAS Heritage，但最近也有許多場地像中小型展演空間、展演廳一樣，使用數位混音台。有的場地會尊重音控的使用習慣，保留類比器材；也有許多場地引進在業界引起討論的新機種，例如類比時代受歡迎的 MIDAS Pro 系列或 Soundcraft Vi 系列，以及進入數位混音台時代以來，就一直廣受歡迎的 DiGiCo SD 系列，受到一定程度愛用的 YAMAHA RIVAGE PM7，乃至於只需要簡單設定，就可以直接當成現場（多軌）錄音控台使用的 Avid VENUE｜S6L 等款式，全都是和喇叭系統同等重要的「門面」。

◀YAMAHA數位混音器RIVAGE PM7

■外接效果器

　　隨著數位混音台的使用，許多外接效果也被融入混音台內，但中小型展演空間、展演廳都保留了過去用慣了的器材，以備不時之需，其中又以管控喇叭的喇叭管理系統 Dolby Lake Processor 最常被使用。空間類效果包括了 YAMAHA SPX 系列、t.c.electronic M 系列、LEXICON PCM 系列，頻道插入點類效果則包括了以 DRAWMER 為代表的壓縮—噪音閘門效果器。

◀可以控制任何一種場地喇叭的Dolby Lake Processor

■監聽喇叭

　　舞台上的監聽喇叭與前面所述不同，訊號從監聽混音台送出。而監聽混音台之所以設在舞台邊，也是因為方便與台上樂手溝通。設定講求詳細，讓每一個樂手都可以分配到一支監聽喇叭。使用的機種款式通常與主場喇叭同廠商，但外側監聽喇叭就可能使用等級較低或指向性較窄的機種。

■進場時的注意事項

　　器材使用上以該場地既有設備為主，所以不需要事先提出器材表（反而必須先向對方確認器材一覽）。同時也需要向樂團要求填寫舞台配置圖。在館方提供線路圖以後，就可以決定共用與專用的頻道，

1

音響系統的設置

有時也可以事先填寫配線表。混音台的 AUX 送出端子與位置，因廠牌有所不同，盡可能照自己方便的順序安排。

如果還能確認電源的容量或無線麥克風的頻道總數，基本上都能順利執行。過去與展演場地協調，都必須帶伴手禮親自造訪，以表誠意，最近則只需要電話、傳真，甚至電子郵件就可以完成。不過也有些場地，會要求音響公司必須先場勘，到初次執行的場地難免焦慮，所以如果有時間，還是先熟悉一下為宜。最近許多人卻因為業務繁忙，而抽不出時間走一趟，如果確認該場地使用數位混音台，則善用管理軟體，將當日需要的設定帶去讀取，則可以省下不少設定的時間。

04 ▸ 音樂餐廳

這種型態的展演場地，在面積上可能比展演空間大，但是可以容納的人數卻又沒有那麼多，主要還是讓消費者可以一邊用餐一邊欣賞表演，通稱為「音樂餐廳」。這類場地以三百席起跳，雖然談不上大型，卻以提供優質音響與精緻餐飲為主要號召。例如 Blue Note 之類的連鎖音樂餐廳，經常會舉行海外爵士音樂家的演出，而他們也時常有專屬音控人員同行，所以場地也會備有高級設備。這類場地不僅強調餐點與演出者的水準，即使有不好的演出，也必須維持音響品質，所以在 PA 系統規劃的階段，就必須重視器材的組合。

除了 Blue Note 家族以外，DUO MUSIC EXCHANGE、MANDALA 家族、Blues Alley Japan 都是日本具代表性的音樂餐廳。

■喇叭

實際上使用的系統，又多半與前面提到「全場站位展演空間」重疊。但因為這裡經常演奏爵士樂或原音樂器類，所以當然就不會選用適合大音量轟炸的喇叭系統。就筆者所知，這種場地通常使用比全場

◀左起：L-ACOUSTICS KIVA II、
KARA

站位型空間小一級的懸吊系統，例如 L-ACOUSTICS KIVA II、
KARA，JBL PROFESSIONAL 的 VRX900 系列、d&b audiotechnik 的
T 系列、NEXO GEO M6 或 Meyer Sound LINA 等喇叭。

在喇叭擺置上，採取懸吊方式也是因應場地特性關係。觀眾可能
就坐在舞台邊的桌位，再加上音場傳達範圍較廣，而更需要注意視野
問題，才更要將喇叭吊掛起來。而為了消滅場內音場上的空洞，除了
中央聲道喇叭的設置，連觀眾席都會設置喇叭。

而現場對於 PA 系統的要求，卻不是「在原音上以 PA 加點效
果」，而是更要求音控人員顧好全場。尤其海外樂手的專屬音控師，
更容易把所有場所都當成戶外體育場來執行。如果喇叭可能因此燒
壞，場地就必須準備更耐操的高級器材。

■控台

控台和喇叭方面也跟隨近年的潮流，逐漸以操作方便的數位混音
台，來取代類比機台。過去在較小空間常用 MIDAS Heritage 系列之
類的大型混音台與效果器，最近則由於數位器材的引進，以及效果器
的內建化，可以讓音控員得到更大的作業空間。代表性的器材除了類
比時代廣受好評的 MIDAS PRO 系列、可透過 Pro Tools 進行多軌錄
音（簡便錄音請參照第 145 頁）的 Avid VENUE│S6L 系列，以及世
界各地廣泛使用的 YAMAHA CL5 系列等。音樂餐廳的控台就像全場

站位展演空間，不會是舒服的工作空間，所以可以利用數位控台的優勢之一：透過電腦控制各處場地的參數（遙控操作請參照第 142 頁）。

■外接效果器

大部分時候不需要自備效果器，但是場地為了符合一些追求音質的音控要求，也會準備內建真空管的效果器，或代表性的殘響（如 LEXICON 960LS）效果器。

■監聽喇叭

音樂餐廳不需要大音量監聽喇叭，反而偏好小音壓下也具有良好表現的 Meyer Sound MJF-212A、CLAIR BROTHERS 12AM 或 d&b audiotechnik MAX2 等款式。

■進場時的注意事項

跟前面大致相同，但更重要的是，必須記得自己是「在餐廳工作」（即使你會一直在意那種氣氛）。再來就是即使不用穿西裝，有機會上舞台的工作人員也必須穿全黑。因為場地所屬音控人員有時也會依照要求穿上制服，所以還是要時時提醒自己，這裡不是普通的展演空間。

05 ▸ 大型展演會館／室內體育館／戶外／劇場

只要是大型展演會館以上規模的場地，就不會是新人可以馬上投入的職場。從實務系統規劃到現場執行，通常都需要不少前置時間。本小節將簡單介紹大型場地的系統。

■大型展演會館

直到最近，演唱會主要在可以容納兩千人左右的大型展演會館（活動中心）舉行。近幾年則有許多被稱為「巨蛋」的室內體育館在各地先後啟用，巡迴演唱會（又稱巨蛋巡迴）則變成主流。而大型展演會館為了因應各種活動的需求，例如展覽、演唱會、發表會等，也必須具備能因應各種需要的 PA 系統。

大型展演會館的主流設備，又以數位混音台為代表。當我們考慮場館每天舉辦不同的活動，或是每星期／每個月內容相同的常態活動，數位混音台在因應不同需求上的好處，難以一一列舉。而其中最大的優點，又在於可以從內建記憶導出之前的設定了。在執行常態活動的時候，只要按下一個按鈕，就可以導出上次的設定，而類比控台還得一頻道一頻道逐一重新調整，光在時間上就已看得出優劣。內建效果則讓音控人員得以不用跟一大堆器材擠在同一間音控室，更令人愉快（因為不需要外接類比器材）。

以擺放空間而言，過去擺放類比 32 頻道混音台的空間，現在可以塞進 48 至 96 頻道的數位混音台。數位化後的另一優點，就是可以按照需要選擇或增設 12 至 48 個頻道。

▲Avid數位控台VENUE｜S6L

1

音響系統的設置

當然，機器內部類比電流訊號傳遞距離的縮短，以及聲音極少劣化，都是數位混音台的特徵。通常舞台兩側的排線，都已經先與控制室接好，故多半可以調整出多樣的設定。

喇叭也採用最新型，即使不是巡迴演唱會，在單場演出的場合，也能直接使用場館既有設備，不用另外運來喇叭（巡迴演出通常會使用自己的系統）。

而有時候有些控台也可移出控制室，搬到觀眾席內控制（並且與控制室內同款式），並且外接效果器（動態類為主，也包括等化器或空間類效果），有許多大型場館具備了可在兩側堆疊音箱的舞台。

■室內體育館

這種場地又與大型展演會館不同，演唱會或展覽並不是主要的功能，室內體育場一如其名，主要用於類似棒球或美式足球等體育競賽，還可不受天候影響，讓更多觀眾專注於賽事進行。所以在音響特性上，比前面提到的各種場地更為嚴格。唯一的好處，是能讓觀眾在看演唱會的時候，可以免於日曬雨淋。尤其海外藝人在世界巡迴的時候，更傾向選擇這類場地，所以還是大多數人的首選。當然日本的大牌藝人樂團在國內巡迴的時候，也偏好這樣的場地，甚至可以完全在室內場地巡迴。

PA 系統則完全採取現場布置型態，實際使用的器材，又依照演出規模內容不同，無法一概而論。唯有喇叭系統，幾乎全部以懸吊方式擺置，以求音壓與音質的平均。懸吊式喇叭系統，能提高觀眾區對舞台的能見度，確保最大量的觀眾數。過去，因為音箱必須堆疊在舞台上，會擋住部分觀眾席，所以懸吊式喇叭的發明，可說是一大進步。

■戶外

例如室外停車場或大型空地等巨大空間，都屬於這種場地。

系統規劃上大致與室內體育場相同（並且增加遠距離用喇叭），最大的特徵，則在於觀眾人數不同（數十萬人規模），以及受天候影響有更多變數。

天候帶來的最大風險就是下雨。小型戶外演唱會或其他活動還可以因雨取消，活動規模一大，雨天還是得照常舉行，更應該預防各種狀況。不僅是防止電源受潮漏電，也關係到 PA 系統、樂器、燈光、舞台所有的層面。

所以只要會受降雨影響的場合，就得準備遮雨棚與舞台屋頂，連縱列懸吊的主喇叭都要設置遮雨棚，但是這樣還是無法防止雨水滲入器材。另一方面，由於線路可能會經過觀眾區，所以更需要以膠帶或線路蓋等材料，妥善保護連接舞台與控台的線材。

戶外演唱會常見的另一個問題，是氣溫變化對音質的影響。在前面基礎知識篇已經提過（第 33 頁），氣溫會影響聲波的傳導。通常這種問題可以透過觀眾人數與增設器材解決，但是在戶外執行音控的重點，還是在於理解聲音的基本性質，並且以電工技能預防各種可能的問題。

■劇場

此外還有一種稱為「劇場」的多功能展演空間。

這種空間可以依照活動需要，自由調整舞台與觀眾席的排列，將場地的限制減到最少，從時裝發表會到音樂劇都可以舉辦。器材方面也有一定規模，並因應場地布置提供不同組合。

劇場的最大特徵就是喇叭系統，能因應不同需求，且幾乎感受不到它的存在，還可滿足不同音樂類型的需求。最近也有許多地方採用了小型縱列喇叭，廠牌包括 d&b audiotechnik、Meyer Sound、NEXO、L-ACOUSTICS、Electro-Voice、MARTIN AUDIO 等。

在混音台方面，也以設置空間為考量，採用全功能的小型數位混音台。訊號的傳送如果透過類似使用乙太網路（ethernet）傳輸的

Roland M-5000，或是 MADI（Multichannel Audio Digital Interface）
規格的 Soundcraft Vi2000，則更為方便。

▲Roland混音系統M-5000

▲Soundcraft數位混音台Vi2000

06 ▸ 工作網路架構／應用無線網路的調控與管理

　　近年透過區域網路傳送訊號，以控制、微調與管理擴大機或控台
等器材的技術，乃至於對現場演奏或活動的影音的串流直播，已經易
如反掌，在日常生活中到處可見。

■數位訊號傳輸

　　提到「網路」，通常指的是連接複數台電腦使之能相互通信的方
法。想必各位讀者一定都曾經透過電腦上網購物、使用電子郵件與人
聯絡、以及收發檔案的經驗。這種網路技術也被運用在音響領域，連
接並且操作數位器材。音響器材的數位訊號傳輸系統，又依照廠商或
機種不同，分成以下幾種通信方式。

① EtherSound

　　近年較少運用，不過這種透過 LAN（CAT）網路線傳輸的系
統，可以用在 YAMAHA PM5D 或 LS9 上。

② REAC（Roland Ethernet Audio Communication）

這是 Roland 專屬的傳輸系統，使用 CAT 網路線，雖然與其他廠牌器材無共通性，但是只要透過同公司的 S-MADI 轉換器，就可以連接 REAC 規格與 MADI 規格的器材使用。

③ MADI（Multichannel Audio Digital Interface）

這是使用 75Ω BNC 同軸纜線或 SC 型光纖導線的傳輸系統。使用光纖導線，最長傳遞距離可達到 2,000 公尺。有些機種也與①②一樣使用 CAT 網路線。DiGiCo 或 Soundcraft 等廠牌使用這種傳輸系統。

④ Dante

由 Audinate 研發的數位音訊網路規格，使用 CAT 網路線最大可同時傳遞接收 512ch 非壓縮音訊。透過網路交換器，可以連接各式各樣的器材，建構出音響網路。現在 Dante 規格是主流，包括 YA-MAHA、SHURE、TASCAM、CROWN 等廠牌都採用這種規格，不僅可連接數位混音台，也可以連接無線音訊系統、功率擴大機、音訊處理器或各種錄音介面、效果插件卡等各種設備。

■系統最佳化

系統最佳化（system tuning）指於音樂廳、劇場、展演空間、體育館（含戶外會場）等場地，設置適合演出條件的器材並進行調校。進行調校時使用的軟體，依照廠牌各有不同，最早有 Meyer Sound SIM（Source Independent Measurement）系統與Galileo GALAXY 的喇叭管理系統，近年則由於 rational acoustics 管理軟體 Smaart 的出現，個人也可以輕鬆地操作調校。

調校方式都是在場地的各個角落（音控台、舞台前、主喇叭前、包括二樓席、三樓席在內的觀眾席各點）設置測量用麥克風，並且由

主控台播放測試音訊（粉紅噪音等）與原音一起收音，同時比較不同麥克風採集的波形進行調校。透過觀察各點收錄波形圖，可以確認出音壓、相位、各頻率的峰值與頻率諧振點。

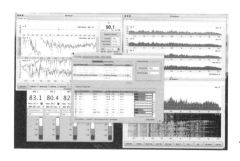

◀Smaart v8 的畫面

■遙控

　　如同前述的數位傳輸，長距離傳送聲音訊號，以及擴大機或效果處理器等器材，也可以透過網路管理控制。訊號的傳遞也分兩種方式，其中又以 LAN 網路線居多。LAN（Local Area Network 區域網

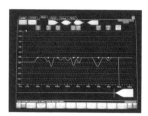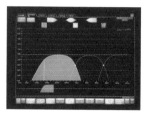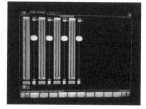

▲Dolby Lake Processor 在電腦上執行時的各種控制視窗

▲L-ACOUSTICS LA NETWORK MANAGER 管理擴大機、等化器的各種視窗（PC 版）

路）也分為有線與無線兩種，無線網路可不受網路線長度影響，使用上比較方便，但斷線的風險較高；相較於此，有線網路可以避免訊號中斷，但是空間上的限制非常大。一般會採用筆記型電腦控制，但如果有平板電腦，就可以帶著走。近年，不僅是平板電腦用的應用程式，還有許多適用於 iPad 的應用管理程式，所以廣受業界歡迎。唯獨在使用上還是得考慮，想要像使用無線麥克風一樣操作無線網路器材，還是必須重視區域網路的使用安全。

■影音串流

聲音的現場串流，在近年來也成為現場活動不可或缺的項目之一。透過串流直播，可以串連很難到達的地方，或是讓更多人可以在第一時間「參加」活動。近年來，透過網路視訊轉播的全國性會議，或是多個現場同時舉辦的活動，已經愈來愈普遍[5]。

轉播系統從簡便型到廣播等級的不間斷系統，分成許多種類，但是在連接上都相當簡單。只要場地有專用線路（網際網路），再搭配

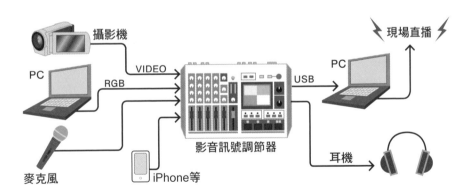

▲圖⑦　直播系統配置示意圖

___

5　譯注：在台灣，二〇一一年八月的「台北─福島連線」（台北─日本福島、東京）與二〇一六年六月的「你我他」電腦音樂會（台北─德國科隆），均採用 Youtube 直播功能進行。

攝影機、麥克風（現場演出再加上 PA OUT 與空間用麥克風），最後全部連到綜合轉播機（如 Roland VR-50HD MKII 或 VR-4HD 等），即可進行直播。

▲可活用於影音直播的綜合視聽混頻器 Roland VR-50 MKII（左）與 VR-4HD（右）

07 ▸ 舞台劇／音樂劇中的音效與音樂執行

■以 CD／MD 等單機執行音樂音效

過去在執行音效（播放）的場合，通常會使用盤帶錄音座，但是盤帶在成本與使用上都令人卻步，後來推出雷射唱機，便成為現場音效執行的主要器材。然而雷射唱片（CD）無法剪輯聲音（器材性能限制），後來就開始使用簡易型取樣機（Roland SP-404SX 等）。這

▲Roland SP-404SX

些取樣機具有 CD 等級的音質，具有優秀的剪輯功能，也容易操作，可靠度更高，儲存媒介（內建記憶體或 SD 卡、CF 卡等）也便宜，廣受業界好評。

■使用個人電腦執行音樂音效

到了最近，幾乎所有的現場都以 PC 用軟體從事音樂與音效的執行工作，其中又以 Ableton Live 與以鼓組取樣音色出名的 NATIVE INSTRUMENTS BATTERY 為代表。不管是在 Windows 還是 Mac 作業系統下執行，都可以透過數字鍵盤、MIDI 控制鍵盤，或是專用的硬體控制器啟動音效。如果外接錄音介面（如 RME Fireface UC、MOTU UltraLite-mk3 Hybrid 等），更可以達到多頻道輸入／輸出的需求，不僅音質夠高，也可以與更多硬體連接，呈現想要的聲音。如果再加上 MIDI，更可以將一款軟體與其他 MIDI 機器，如取樣機等設備同步。

▲Ableton Live 主視窗

▲NATIVE INSTRUMENTS BATTERY 主視窗

08 ▸ 簡便錄音／多軌錄音

■簡便錄音

簡便錄音簡稱「簡錄」。音控常常被樂手要求錄音，一般從控台牽出一對與主輸出平行的線路連接錄音器材，或由矩陣輸出的主聲道

端子外接錄音器材（**圖⑧**）。而簡錄畢竟不是正式錄音，並不是觀眾席實際聽到的演奏，而是經過線路與控台的聲音。這點請務必銘記在心。

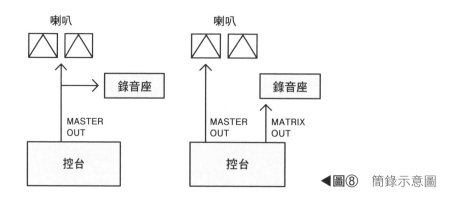

◀**圖⑧** 簡錄示意圖

有時候樂手在事後聽到簡錄，通常也會有「完全聽不到吉他嘛」或「聲音定位怪怪的」之類大失所望的情形。但是錄音畢竟只是控台處理的聲音，他們也只能認命。電吉他等樂器的音箱，輸出音量本來就大，所以在小型場地幾乎不用收音，簡錄甚至根本不需要對吉他音箱收音（**圖⑨**）。而殘響也只會在音控過程中附加，讓聲音聽起來「像一回事」，光由線路輸出聽起來，很多人一定會覺得哪裡怪怪

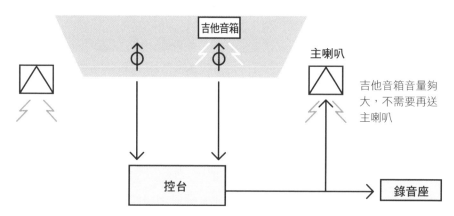

▲**圖⑨** 簡錄會把線路輸出錄得比較大聲

的。所以如果樂手要求錄音，最好一開始就告訴他們：「簡錄跟你在場地聽到的聲音不一樣，只能當做參考。」樂手若能夠理解，通常就不會再刁難了。

最近，通常運用個人電腦操作的硬碟錄音軟體，來錄製多音軌音源。這種條件下就可以從 GROUP OUT 將群組化的樂器收音分成好幾組，想要單獨錄製的人聲等音軌，則可以經過 DIRECT OUT、甚至是場地的環境收音，直接將現場的氣氛錄製下來（圖⑩）。如此一來，便可以將錄音軌數增加到 8 至 16 軌，更能進一步實驗各種混音方式。

最近也有一些數位混音台內建硬碟錄音功能，可以當成錄音介面使用。這種混音台可以順暢地處理多軌錄音，省卻過去為了錄音必須準備的專用線路，以及專用控台監聽喇叭等各種流程。以後即使只是簡錄，都可以輕易保存現場演奏的分軌錄音。

近年的數位混音台，多半也會透過 USB 介面將錄音儲存在隨身碟上，音控可以直接將資料錄在演出者提供的隨身碟上，也可以將錄好的資料（WAV、MP3 等格式）拷貝傳給演出者或主辦者，他們收到會很高興。

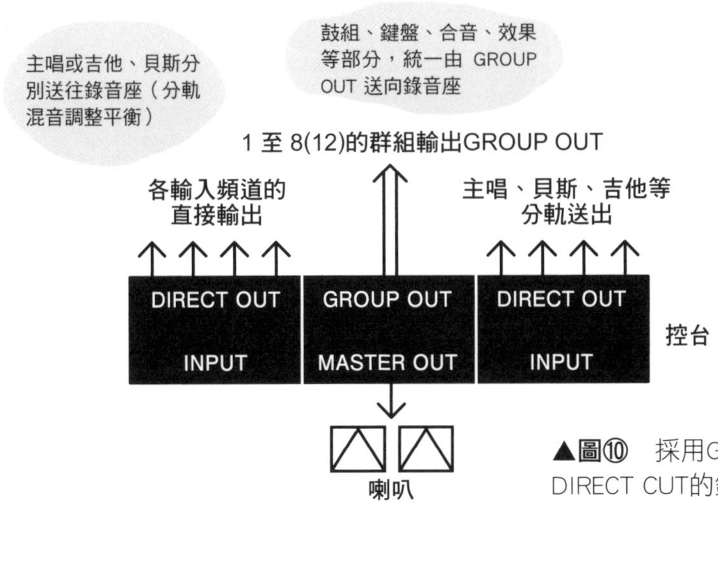

主唱或吉他、貝斯分別送往錄音座（分軌混音調整平衡）

鼓組、鍵盤、合音、效果等部分，統一由 GROUP OUT 送向錄音座

1 至 8(12)的群組輸出GROUP OUT

各輸入頻道的直接輸出

主唱、貝斯、吉他等分軌送出

| DIRECT OUT | GROUP OUT | DIRECT OUT |
| INPUT | MASTER OUT | INPUT |

控台

喇叭

▲圖⑩ 採用GROUP OUT/DIRECT CUT的錄音方式

■多軌錄音

　　過去在 PA 執行現場，或許不熟悉 Pro Tools、Cubase 或 SONAR 等電腦錄音軟體，然而在數位混音台推出後，這類錄音軟體也逐漸成為不可或缺的工具。前面在介紹音樂餐廳時已經提過，在經常需要錄製現場演奏的場地，就必須在系統規劃的階段想好結合控台的錄音方案。結合 Avid VENUE 與 Pro Tools 的系統是一個例子，不需要把已經接到 PA 系統的訊號來源（麥克風、線路輸入）再送到多軌錄音軟體（Pro Tools），可以直接把輸入混音台的聲音錄成數位音檔。因為錄音音軌使用的頻道與台上一模一樣，可以在彩排的時候事先預錄樂器（樂手）的演奏，在正式演出時由樂手直接搭配預錄音樂彈空琴。預錄的優點，可以在諸如樂手因故無法準時進場準備，或是塞車無法參加彩排之類的突發狀況下，沒有現場伴奏也能進行預演。

　　即使過程簡化，由 Avid VENUE（S6L 等）加上 Pro Tools 組成的錄音系統造價仍然很高。近年來有許多專案都以執行音效或音樂播放

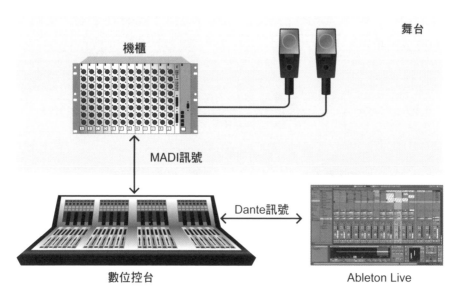

▲圖⑪　以 Dante 線連接 Ableton Live 與數位控台。以 MADI 線連接已接上麥克風的機櫃，並以 Ableton Live 現場錄音

所使用的 Ableton Live 連接 Dante 網路的器材，以進行多軌錄音（圖⑪）。然而這種方式在 PC 環境下操作，也伴隨著當機的風險。許多音響工程師寧可多花點錢，以 SOUND DEVICES 970 或 TASCAM DA-6400 等單機錄音。當然，這些機器都支援 Dante 規格。

　　在最早期的時候，如果要像現在這樣以多軌方式進行現場錄音，還得出動錄音車（由巴士改造的行動錄音室），或是大陣仗把器材搬進後台休息室或倉庫使用。由此可以看出科技在幾十年間的進步。

◀ SOUND DEVICES 970

PART 2

音控相關圖表類

01 ▸ 線路表／頻道排程表

「線路表」，是每場活動裡混音台的線路輸出入總表，詳記了一場活動要用那些線路，又要如何連接的表格（圖①）。

這個表格，會清楚地記下什麼樂器、器材使用哪種麥克風，線路輸出有幾組，又會分配到哪些頻道，以便逐一確認。由上而下的欄位是各個音頻，由左而右則分別記錄輸入各頻道的樂器種類、麥克風種類、是否使用麥克風架等項目。

這種圖表也常常記錄活動的排程，也稱為「頻道排程表」，就像安排表演者上下台的時間排程。如果活動中有許多演出者，就會在表上記載線路重複使用的狀況。當然每一組演出者都有自己的頻道線路，最為理想，但是一場活動下來，會動用到六十至七十個頻道，實際上無法實現。為了以最少的線路執行音控工作，就必須重複使用相同的線路。透過頻道排程表，便可以透過註記「●」記號的欄位，了解每組演出者要用的器材。如果一場活動從頭到尾就只有一組團演出，或許還用不到這樣的排程表，但是，當一場樂團演出裡有臨時的打擊樂器，或鍵盤樂器等額外編制，還是有建立排程的必要。

這種表格在企劃階段就很重要，但最重要的階段，還是安裝完成後的彩排。這張表格採用的是多頻道排線，當舞台技術人員裝台的時候，這張表格也就成為插線和拔線的重要依據。

而線路表即使會直接套用在主混音台的各頻道上，卻又未必完全與舞台的多頻道排線相同，有可能造成舞台技術人員的困擾。一般來說，會根據多頻道線路表，做出音控人員彼此看得懂的版本，自己留做參考。現在使用數位混音台的場合，只要叫出各場景（scene）的

預設記憶與靜音群組切換，就不需要考慮太多。在彩排試音的時候，只要打開每個單元用得上的頻道即可。這樣即使沒有頻道排程表，也能靠「場景一用於第一組，場景二用於第二組……」的方式對應解決。

INPUT

Snake	SD Ch	Name	Mic/DI	Stand	No.010 典禮/開場	No.020 Jupiter	No.030 V-Drums	No.040 Guest	No.050 BigBand	No.060 FinBand
A1	1	下カブ	58S	210						Click Send
A2	2	O/H L	451	210						
A3	3	O/H R	451	210						
A4	4	Ft	468	Z59						
A5	5	Lt	468	Z59						
A6	6	Ht	468	Z59						
A7	7	H/H	451	Z59						
A8	8	Sn	57	Z59						
A9	9	Kick	25	Z59						
A10	10	EB	J48				<FOH in> VTR L / VTR R / Click			克里斯
A11	11	EG 1		259						忠儒
A12	12	EG 1 L		259						麥伊 L
A13	13	Key1 L	Direct II							麥伊 R
A14	14	Key1 R	Direct II							
A15	15	Key2 L	XLR							
A16	16	Key2 R	XLR							
B1	25	Click	XLR			25● Click 26●HD/L 27●HD/R	●A mix L — Direct II		Cond Send	25● Click 26●D/1 27●D/2 28●HD/3 30●D/4
B2	2	Timp	Beta57 x2	210 x2			●A mix R — Direct II			
B3	3	Perc	Beta57 x2	210 x2	A/B轉換	●A H/H — 451/259			36●Bud/Clic
B4	4	Vib	Beta57 x2	210 x2			●A Sn — Direct II			37●Bud/1
B5	5	O/H	414	210			●A Kick — Direct II			38●/Bud/2
B6	6	Kick	25	Z59			●B mix L — Direct II			39●/Bud/3
B7	7	EB	DI-1				●B mix R — Direct II			40●/Bud/4
B8	8	EG	57 x2	Z59 x2			●C mix — T85			
B9	9	Key Mix	XLR				●EB — J48			
B10	10	Tb/Tuba	58 x2	Z59 x2			●EG1 — 577/259			
B11	11	Hr	58 x2	Z59 x2			●EG2 — 577/259			A/B轉換
B12	12	Sax	58 x2	Z59 x2			●1 — 山屋/110			
B13	13	Tp	58 x2	Z59 x2			●2 — ATM35 x2			
B14	14	Cl	58 x2	Z59 x2			●3 — 451 x2/259 x2			
B15	15	BB L	414	210						
B16	16	BB R	414	210						
C1	17	W/L 1	UR2/58(A2)	210	●	●Vo	●Caion1 — 259		●Vo村上	●Vo1/Judith
C2	18	W/L 2	UR2/58(A2)	210			●Caion2 — 259		●Rh/Cond	●Vo2/平儀
C3	19	W/L 3	UR2/58(A2)	210			●Caion3 — 259			●Vo3/池末
C4	20	W/L 4	UR2/58(A2)	210			●Caion4 — 259			
C5	21	W/L 5(MC1)	UR2/58(A2)	DESK						
C6	22	W/L 6(MC2)	UR2/58(A2)	DESK						
C7	23	PODIUM 1	AT	無現場講談						●左舞台前
C8	24	PODIUM 2	AT	無現場講談						●左舞台上
C9	30	Choir1	58 x2	210 x2	●					●正台前
C10	31	Choir2	58 x2	210 x2	●					●右舞台上
C11	32	Choir3	58 x2	210 x2	●					●右前
C12	33	Choir4	58 x2	210 x2	●		●Vo 1,2			
C13	34	Choir5	58 x2	210 x2	●		●Vo 3,4			
C14	35	左	58	210	●					
C15	36	左	PCC x2		●					
C16	37	右	PCC x2		●					
D1										
D2		WW / ANALOG								
D3	3	DJ Oke Mix L	110				●			
D4	4	DJ Oke Mix R	110				●			
D5	5	DJ Scratch Mix L	XLR				●			
D6	6	DJ Scratch Mix R	XLR				●			
D7	7	miyake E.GTR	57	259			●			
D8	8	miyake Korg	110				●			
D9	9	VOCAL hiroko	UR2/58(A2)				●			
D10	10	MC miyake	UR2/58(A2)	210 x2			●			
D11	11	SP W/L	UR2/58(A2)	210			●			
D12										
D13	41	H/set W/L1	UR1/H/set(A2)					●左		
D14	42	H/set W/L2	UR1/H/set(A2)					●右		
D15	43	H/set W/L3	UR1/H/set(A2)					●左		
D16	44	H/set W/L4	UR1/H/set(A2)					●右		

OUTPUT

SB168ES	PM5D	5Dname	M7CL	PS15	式典/プレ	Jupiter	V-Drums	Guest	BigBand	FinBand
1_1	StereoA L	Main L		(x12)						
1_2	StereoA R	Main R		(CODA CUE FOUR)						
1_3	Mix 3	Hall 1(主舞台方)								
1_4	Mix 4	Hall 2(後台)								
1_5(22)	Mix 5	Side L	Mix2	Side_L(x2)	●	●	●Guitar(SR)	●	●	
1_6(23)	Mix 6	Side R	Mix2	Side_R(x2)	●	●	●Vo	●	●	
1_7(24)	Mix 7	SR Foot	Mix3	SR Foot(x2)	●	●	●Caion左	●	●	
1_8(25)	Mix 8	SL Foot	Mix4	SL Foot(x2)	●	●	●Caion右	●	●	
2_1(26)	Mix 9	Foot	Mix5	C Foot(x2)	●	●	●琴	●	●	
2_2		Cond(MS101x2)	Mix6	開置						
2_3(27)	Mix11	Guitar 1	Mix7	GTR1/Miyake		●	●琴(C)	●miyake		●克里斯
2_4(28)	Mix12	Guitar 2	Mix8	GTR2/DJ			●Vo(SL)	●DJ		●珍妮佛
			Mix9	Hiro IEM_L(A4)				●		
			Mix10	Hiro IEM_R(A4)				●		
			Mix11	REV				●		
			Mix12	閒置						
2_5(29)	Mix13	Bass	Mix13	Bass			●Guitar/Bass			●渡辺
2_6(30)	Mix14	Drum	Mix14	Drum			●V-Dr C			●富田
2_7(31)	Mix15	Key 1	Mix15	Kye 1			●V-Dr A			●麥伊
2_8(32)	Mix16	Key 2	Mix16	Key 2			●V-Dr B			●米奇
3_1	Mix17	TSM IEM				●Vo			●村上咲	●池末
3_2	Mix18	Click								●
3_3	Mix19	F.Sode(MS101)								●

▲圖① 線路表兼頻道排程表

02 ▸ 現場配置圖／演出者配置圖

「現場配置圖」（第153頁**圖②**）是一張重要到「只要有這張表，即使沒有先討論，當天也可以直接布置」的表格。只要把這張交給工作人員，並說聲「麻煩您了」，有經驗的人只要再追問兩三個問題，就可以馬上進行布置。

配置圖上的主要內容，除了活動流程、演出者在舞台上的位置，以及麥克風與喇叭的定點（有時還加上多頻道排線箱或 DI 的位置）、線路表⋯⋯等等，包含現場音控所需的全部情報。如同餐廳裡的菜單，如何簡單精準傳達訊息，顯得更為重要。

現場配置圖通常又分為音控人員用的控台版，以及展演場地交給樂團自己填寫的「舞台配置圖」（第154頁**圖③**）兩種版本。

即使每個場地的格式不盡相同，基本上都會要求各組演出者，在演出前提交演出者位置、是否使用麥克風，以及使用哪些音箱、前級等器材的表格，並且據此規劃音控用的現場配置。所以，也可以把現場配置圖，想像成比較高級的演出者配置圖。

SOUND PLANNING SHEET

TITLE	GUEEN的波西米亞狂想曲		Sound Office股份有限公司
LOCATION	O-EAST		
DATE			
CLIENT			
HOUSE	須藤、三浦(Moni)	Stage	

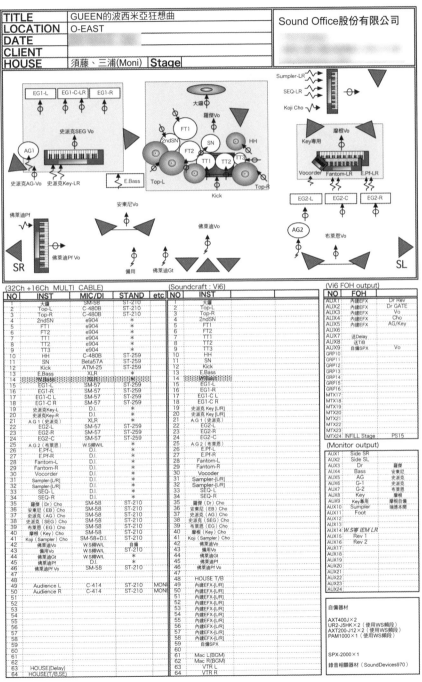

(32Ch +16Ch MULTI CABLE)

NO	INST	MIC/DI	STAND	etc
1	大鑼	SM-58	ST-210	
2	Top-L	C-480B	ST-210	
3	Top-R	C-480B	ST-210	
4	2ndSN	e904	*	
5	FT1	e904	*	
6	FT2	e904	*	
7	TT1	e904	*	
8	TT2	e904	*	
9	TT3	e904	*	
10	HH	C-480B	ST-259	
11	SN	Beta57A	ST-259	
12	Kick	ATM-25	ST-259	
13	E.Bass	XLR	*	
14				
15	EG1-L	SM-57	ST-259	
16	EG1-R	SM-57	ST-259	
17	EG1-C L	SM-57	ST-259	
18	EG1-C R	SM-57	ST-259	
19	史派克Key-L	D.I.	*	
20	史派克Key-R	D.I.	*	
21	A G 1（史派克）	XLR	*	
22	EG2-L	SM-57	ST-259	
23	EG2-R	SM-57	ST-259	
24	EG2-C	SM-57	ST-259	
25	A G 2（布萊恩）	W.S頻W/L	*	
26	E.Pf-L	D.I.	*	
27	E.Pf-R	D.I.	*	
28	Fantom-L	D.I.	*	
29	Fantom-R	D.I.	*	
30	Vocorder	D.I.	*	
31	Sampler-[L/R]	D.I.	*	
32	Sampler-[L/R]	D.I.	*	
33	SEQ-L	D.I.	*	
34	SEQ-R	D.I.	*	
35	羅傑（Dr）Cho	SM-58	ST-210	
36	安東尼（EB）Cho	SM-58	ST-210	
37	史派克（AG）Cho	SM-58	ST-210	
38	史派克（SEG）Cho	SM-58	ST-210	
39	布萊恩（EG）Cho	SM-58	ST-210	
40	摩根（Key）Cho	SM-58	ST-210	
41	Koji（Sampler）Cho	SM-58+D.I.	ST-210	
42	佛萊迪Vo	W.S頻W/L	自備	
43	備用Vo	W.S頻W/L	ST-210	
44	佛萊迪Gt	W.S頻W/L	*	
45	佛萊迪Pf	D.I.	*	
46	佛萊迪Pf Vo	SM-58	ST-210	
47				
48				
49	Audience L	C-414	ST-210	MONI
50	Audience R	C-414	ST-210	MONI
51				
52				
53				
54				
55				
56				
57				
58				
59				
60				
61				
62				
63	HOUSE(Delay)			
64	HOUSE(T/B,SE)			

(Soundcraft : Vi6)

NO	INST	
1	大鑼	
2	Top-L	
3	Top-R	
4	2ndSN	
5	FT1	
6	FT2	
7	TT1	
8	TT2	
9	TT3	
10	HH	
11	SN	
12	Kick	
13	E.Bass	
14		
15	EG1-L	
16	EG1-R	
17	EG1-C L	
18	EG1-C R	
19	史派克 Key [L/R]	
20	史派克 Key [L/R]	
21	A G 1（史派克）	
22	EG2-L	
23	EG2-R	
24	EG2-C	
25	A G 2（布萊恩）	
26	E.Pf-L	
27	E.Pf-R	
28	Fantom-L	
29	Fantom-R	
30	Vocoder	
31	Sampler-[L/R]	
32	Sampler-[L/R]	
33	SEQ-L	
34	SEQ-R	
35	羅傑（Dr）Cho	
36	安東尼（EB）Cho	
37	史派克（AG）Cho	
38	史派克（SEG）Cho	
39	布萊恩（EG）Cho	
40	摩根（Key）Cho	
41	Koji（Sampler）Cho	
42	佛萊迪Vo	
43	備用Vo	
44	佛萊迪Gt	
45	佛萊迪Pf	
46	佛萊迪Pf Vo	
47		
48	HOUSE T/B	
49	內建EFX-[L/R]	
50	內建EFX-[L/R]	
51	內建EFX-[L/R]	
52	內建EFX-[L/R]	
53	內建EFX-[L/R]	
54	內建EFX-[L/R]	
55	內建EFX-[L/R]	
56	內建EFX-[L/R]	
57	內建EFX-[L/R]	
58	內建EFX-[L/R]	
59	自備SPX	
60		
61	Mac L(BGM)	
62	Mac R(BGM)	
63	VTR L	
64	VTR R	

(Vi6 FOH output)

NO	FOH	
AUX1	內建EFX	Dr Rev
AUX2	內建EFX	Dr GATE
AUX3	內建EFX	Vo
AUX4	內建EFX	Cho
AUX5	內建EFX	AG/Key
AUX6		
AUX7	送Delay	
AUX8	送T/B	
AUX9	自備SPX	Vo
GRP10		
GRP11		
GRP12		
GRP13		
GRP14		
GRP15		
MTX17		
MTX18		
MTX19		
MTX20		
MTX21		
MTX22		
MTX23		
MTX24	INFILL Stage	PS15

(Monitor output)

NO		
AUX1	Side SR	
AUX2	Side SL	
AUX3	Dr	羅傑
AUX4	Bass	安東尼
AUX5	AG	史派克
AUX6	G-1	史派克
AUX7	G-2	布萊恩
AUX8	Key	摩根自備
AUX9	Key專用	摩根本間
AUX10	Sumpler	橋邊本間
AUX11	Foot	
AUX12		
AUX13		
AUX14	W.S夢 IEM LR	
AUX15	Rev 1	
AUX16	Rev 2	
AUX17		
AUX18		
AUX19		
AUX20		
AUX21		
AUX22		
AUX23		
AUX24		

自備器材

AXT400-J×2
UR2-J5HK×2（使用WS頻段）
AXT200-J12×2（使用WS頻段）
PAM1000×1（使用WS頻段）

SPX-2000×1

錄音相關器材（SoundDevices970）

▲圖② 現場配置圖示意圖

配置圖

演出日　年　月　日		BAND NAME			（團員數　　人）
事務所		聯絡電話		－　　　　－	
代表人		聯絡電話		－　　　　－	
代表人		手機		－　　　　－	

喇叭

喇叭

觀眾席

※請詳細填寫團員的站位、器材的位置、AMP的位置和種類、MIC數等資訊。
※如果有自備私人器材（SEQ、AMP等），請詳列其種類、位置和LINEOUT數。
※如果是數個樂團共演（競演）的情況，請不要自己攜帶Dr. SET。

RUIDO 租借器材　　使用的器材請務必打勾					
G.AMP	□ Marshall　TSL 100　（HEAD） □ Marshall　1960 A　（BOTTOM）	Dr. set　Pearl	□ B.D 22		□ T.T 12
			□ F.T 16		□ T.T 13
	□ Roland JC-120	Cymbls	□ RIDE 20		□ CRASH 16
		A.zildiian	□ H.H 14		□ CRASH 18
B.AMP	□ Ampeg SVT450H（HEAD）	※大鼓用踏板及小鼓請自備。			
	□ Ampeg SVT810E（BOTTOM）	Key	□ Roland RD-700SX（88鍵）		
木吉他數量（　把）	鼓組所需通通鼓數量（　面）	RUIDO K4	鍵盤樂器所需輸入數（　組）		
效果器箱大小（　U）	□右撇子　　□左撇子		鍵盤以外的線路輸出數（　組）		

發送地址　　〒160-0021
東京都新宿区歌舞伎町1-2-13 新光ビルB2

TEL　0 3 - 5 2 9 2 - 5 1 2 5
FAX　0 3 - 5 2 8 5 - 0 0 2 5
htpp://www.ruido.org/k4
k4@ruido.org

	租金（多團同場時）	（包場時）
G.AMP	1,050日圓	2,100日圓
B.AMP	1,050日圓	2,650日圓
Key	3,150日圓	3,675日圓
Dr.set	**免費**	5,250日圓
PEDAL·SD	1,050日圓	1,050日圓
	※價格皆已含稅（8%）	

▲圖③　新宿 Ruido（www.ruido.org/k4/）演出者配置圖

03 ▸ 展演空間工作協調表

　　在展演空間執行音控，一定要先確認場地的使用規定與電源的容量。有些場地禁止使用大力膠帶，有的會限定電源線、喇叭線的位置，還有各式各樣的眉角。有些場地則對排線的規定比較特別，假設其他場所只需要牽 50 公尺的線，這些場地若規定「不要走觀眾席下面的通道，走觀眾頭上的夾層」，你只能另外要求 30 公尺的延長線。此外，電源的容量上限與配電盤的位置也關係重大，必須做好確認，準備帶去的器材能不能在該場地正常使用。也有因人而異的狀況，有些音控人員可能因為燈光與 PA 系統共用電源會產生雜音，而要求場地直接給 PA 系統專用電源（圖④）。另外，控台的用電是所謂的平衡線路（100V／1.5A）還是標準的 C 型（30A）？此外，當然還有諸如控台位置、無線麥克風系統使用的頻道、器材搬運路線、最晚撤場完畢的時間等環節，都是協調表上必須確認的事項。

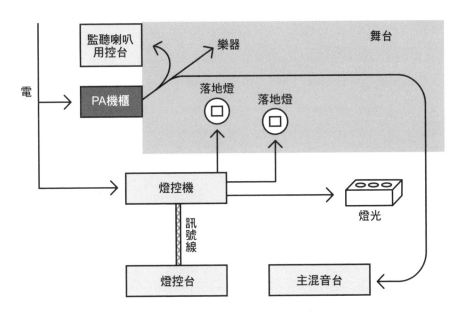

▲圖④　架在舞台上的 PA 器材容易受到燈光系統的影響

　　此外，在和場地逐條確認使用細節的同時，又會用到一種「展演空間工作協調表」（圖⑤），通常由音響公司製作，格式上各家也不同。只要將內文項目逐一確認後打勾，即使是新進員，工都能順利完成協調工作。雖然不是呈給什麼大單位的公文，但是在前置作業上，是非常重要的表格。

展演空間工作協調表

日　期	年　月　日　～　　年　月　日				
ARTIST					
展演空間	TEL				
負責人					
電　源	左舞台　　A　　型 　　　　　C 　　　　　並聯　　　□	特殊電源		MAIN AMP	□
	右舞台　　A　　型 　　　　　C 　　　　　並聯　　　□	照明用電源		MONITOR HOUSE	□ □
	音控台　　A　　型 　　　　　C 　　　　　並聯　　　□			Musical 　Instrument	□
SPEAKER	限高　　　　　　　m 防火閘門 縱深（長度）　　　　m	固定帶			
MULTI　音控台	觀眾區　大外場 　　　　中心 音控台　指定　有 　　　　　　　無	膠帶固定線路　觀眾區 　　　　　　　舞台 軟墊　　有 　　　　無			
展場租借	使用場館電源　頻道　　系統 使用訊號處理器　　是 　　　　　　　　　否	音控台　用桌　有 　　　　　　　　無			
停車場	4t 3t HiAce	限高 搬運出入口　直接運輸 　　　　　　電梯 　　　　　　起重機 　　　　　　樓梯間			
MEMO					
主辦單位	TEL				

▲圖⑤　業者自製展演空間工作協調表

04 ▸ 器材清單

　　器材清單，也分為音響公司的設備表，與展演場地的器材清單兩種。

　　音響公司的設備表，除了條列基本器材，一定還會列出租金（對外用）。如果接案需要分組進行，也有準備修理工具與備用器材的場合。而在執行大型工作的時候，如果能把「使用幾支 SM58，幾支要立架」全部列表，便可以配合前面提到的配置圖，更順暢地進行場布工作。簡單來說，是進場布置與試音時不可或缺的表單，也是自己人用的列表。對於活動場地而言，反而沒什麼事先知會要搬什麼器材進去的必要。

　　另一方面，中型展演空間或小型展演空間的器材清單（第 158 頁圖⑥），反而是非場地人員進場執行時絕對必須確認的一項。如果是比較貼心周到的場地，就會把器材清單放在他們的網頁上，想必大家有看過。喇叭、混音台、外接效果、麥克風、場地提供的樂器與燈光等各種可能使用的器材，全部都被列在器材清單之中。

大阪NAMBA HATCH音控系統主要器材清單　No.2

名稱		型號	數量	備註
■麥克風週邊				
	AKG	C480B comb+	4支	
	AKG	ULS61		
	AKG	C451B	6支	
	AKG	D112	2支	
	NEUMANN	KM-184	4支	
	SENNHEISER	MD-421II	8支	
	SENNHEISER	e609	8支	
	SENNHEISER	e904	8支	
	Electro-Voice	N/D-468B	4支	
	audio-technica	ATM-25	4支	
	audio-technica	AE-2500	2支	
	audio-technica	AT4050/CM5	4支	
	LEWITT	MTP540	4支	
		MTP540S	4支	
		MTP440	4支	
		DTP640REX	2支	
		DTP340	8支	
	DPA	dfacto II	4支	
	EARTHWORKS	SR40V	2支	
	AMCRON	PCC-160	4支	
	BARCUS BERRY	4000	2支	鋼琴內CPU
DI	BSS	AR-133	6支	
	COUNTRYMAN	TYPE-85	12台	
	Radial	JDI MK3	4台	PASSIVE 1CH DI
		JDI DUPLEX MK4	4台	PASSIVE 2CH DI
		J48	8台	
	AVALON DESIGN	U5	2台	
■無線麥克風系統：A頻段6頻道／B頻段2頻道（運用設備）				
無線麥克風接收器	SHURE	UR4D	3組	A型×6頻道
手持無線麥克風	SHURE	UR2	6支	A型
無線麥克風交換頭	SHURE	BETA58	6個	
	SHURE	BETA87A	6個	
■麥克風風罩、排罩架				
麥克風架	K&M	200	6支	直桿
	K&M	210	20支	標準斜桿
	K&M	259	20支	短斜桿
	K&M		6支	圓底座式直桿
	K&M		6支	圓底座式短斜桿
	K&M		6支	圓底座式短斜桿
	K&M		6支	圓底座式短斜桿
	K&M		2支	加風型斜桿
	TAKASAGO		4支	超短斜桿
	TAKASAGO		8支	可調式短桿
	TAKASAGO		8支	可調式長桿
排罩箱	CANARE		7台	16CH排罩箱
排罩	Whirlwind		1組	5m×6條／10m×3條／15m×5條

111011

大阪NAMBA HATCH音控系統主要器材清單　No.1

名稱		型號	數量	備註
■主控台				
主控台	MIDAS	XL8	1套	96全功能頻道輸入規格
數位殘響效果器	Lexicon	PCM-91	1台	
	t.c.electronic	System6000	1台	兩組STEREO效果輸出
數位延遲效果器	t.c.electronic	D-TWO	2台	
	t.c.electronic	TC-2290	1台	
綜合效果器	YAMAHA	SPX-2000	2台	
CD	YAMAHA	CD-01U	2台	
MD	TASCAM	MD-501	2台	
	TASCAM	MD-350	2台	
CD播音座	TASCAM	CD-RW-750	2台	
HD錄音系統	TASCAM	DV-RA1000HD	1台	可用USB在PC下載
■主喇叭系統				
主喇叭	L-ACOUSTIC	K-1	18組	懸掛式
	L-ACOUSTIC	KARA	4顆	懸掛式
重低音喇叭	L-ACOUSTIC	SB-28	8台	
中央聲道喇叭	L-ACOUSTIC	DV-DOSC	4台	臨時用
主喇叭用功率擴大機	L-ACOUSTIC	LA-8	14台	230V規格
前置音場喇叭用功率擴大機	L-ACOUSTIC	LA-48	2台	230V規格
數位訊號處理器	DOLBY	LAKE	2台	主喇叭／中央聲道用
■監聽系統				
混音台	MIDAS	XL8	1套	96頻道全功能入規格
圖形等化器用線控	KLARK TEKNIK	Helix Rapide	1台	XL8內建圖形等化器等控制
綜合效果器	TAMAHA	SPX-2000	1台	
監聽喇叭	d&b audiotechnik	M2-MONITOR	18個	(含M.MONITORING)
	d&b audiotechnik	MAX-NL	4個	
零側音場用監聽喇叭HIGH	d&b audiotechnik	C7-SUB	2個	
零側音場用監聽喇叭LOW	d&b audiotechnik	C4-SUB	4個	
舔組音域補償用重低音	d&b audiotechnik	A1	2個	
功率擴大機	d&b audiotechnik	AD-80	9台	4CH AMP
	d&b audiotechnik	P-1200A	2台	C4 SUB用
■麥克風分線器				
麥克風分線器	MIDAS	DL-431	3台	72CH
麥克風	SHURE	SM58-LCE	12支	
	SHURE	SM57-LCE	19支	
	SHURE	BETA58A	10支	
	SHURE	BETA57A	10支	
	SHURE	BETA87C	4支	
	SHURE	SM58-SE	5支	主控台x1／監聽控台x1 (talkback用)
	SHURE	BETA52	2支	
	SHURE	BETA56	4支	
	SHURE	BETA98D/S	8支	
	SHURE	BETA91	4支	
	AKG	D112	3支	
	Audio-technica	ATM-25	4支	

111011

▲圖⑥　大阪NAMBA HATCH（www.namba-hatch.com）器材清單

器材的連接與設置

01 ▸ 連接各種機器時的小祕訣

如同本書基礎知識篇「音響器材」中提到的，PA 系統是由線材連接麥克風、混音台、功率擴大機、喇叭與外接效果器而成。這裡提供一些連接線路的祕訣。

本書提到的 PA 系統，不論場地的大小還是活動的內容，至少都需要四種器材：麥克風、（內建麥克風前級的）混音台、功率擴大機與喇叭（圖①）。如果要說包括這四種器材的最小設備，莫過於一般稱為「大聲公」的電晶體擴音器了。大聲公做為最簡單的 PA 設備，不需要另外接線。但是一個場地再怎麼小，也不可能只靠一支大聲公就達到 PA 效果，最少還是需要上述的四種器材，並且逐一連接起來，才能執行音控。

在實際的連接上，業界習慣使用「麥克風線」或「短線」連接（請參考基礎知識篇「線材與接頭」），基本上都是 XLR 規格的平

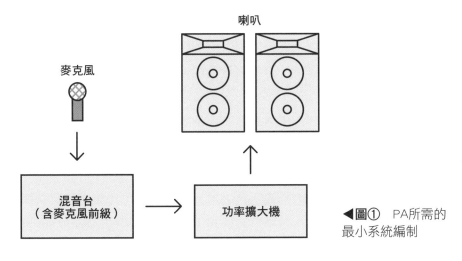

喇叭

麥克風

混音台
（含麥克風前級）　→　功率擴大機

◀圖① PA所需的最小系統編制

◀TOA電晶體擴音器ER-2115

衡線，讀者可以想像成短而好用的麥克風線。不過功率擴大機與喇叭之間，還是使用喇叭線，並且有喇叭專用端子，相當容易分辨。

■接線的順序

接線的順序，基本上是「聲音的輸入→聲音的輸出」，也就是將麥克風線接到麥克風上，再把麥克風線接至混音台，把混音台的訊號從聲音輸出端子接線連到功率擴大機，最後再從功率擴大機的輸出端子，將訊號透過喇叭線傳到喇叭（圖②）。即使中間又經過外接效果器、單一效果器、音頻處理器……等，基本上，還是維持「聲音的輸入→聲音的輸出」的原則。

而專業機器的輸出入端子，通常具有 XLR 插座，可以直接以XLR短線連接。不過，有一些家用器材只有 RCA 端子或 1／4 吋耳機端子，使用時必須留意。如果使用家用器材的頻度偏高，雖然可以透過外接訊號轉換減少雜音，但使用適合規格的轉接線，也能達到同樣需求。

為了省去逐一連接外接效果器箱線路的麻煩，在機櫃裡預先接好各線路，這程序就很重要了。這樣一來，一方面省時，另一方面也可避免接錯。

同樣地，大型混音台的輸送箱之中，也有一種可以事先接好各種線路的「排線預置箱」。這種型態的箱子，甚至能將排線箱的功能也

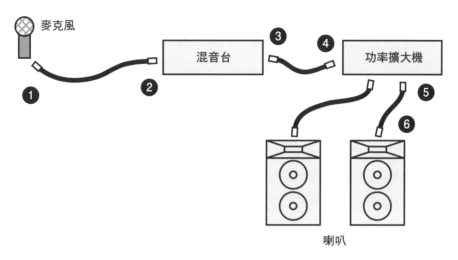

麥克風

混音台

功率擴大機

喇叭

▲圖②　基本上以「聲音的輸入→輸出」順序接線

一起容納進去，運送時只要把蓋子蓋上即可，使用上非常方便。大型的現場演出，要使用到的麥克風很多，從舞台到控台間也要用到好幾條排線，會用到的短線很多，如果在現場逐一連接，會相當浪費時間。不過這種「排線預置型」的混音台輸送箱，可以事先把內部短線接好，到現場只需要把必要的排線連接到台上的排線箱，可節省相當多的工作時間，也能避免不必要的麻煩。

◀排線預置箱

■快速分辨各種線材

音響公司會攜帶麥克風導線、喇叭線、轉換線、排線等各種線材，數量也相當龐大。但是，現場需要當下判斷，快速找出所需線材的時候，又應該怎麼辦呢？每一家業者都有自己的小祕訣。

例如，以顏色區分導線的長度，紅線長○m，黃線長×m；有些業者會把線長以標籤標示，並貼在導線上；也有的會以束線帶、橡皮筋、魔鬼氈的顏色，區分不同長度的線材。還有其他說不完的方法。

為了縮短裝台時間，通常會為每一條線標記用在哪一支麥克風上。例如「鼓組上方」或「合音」等標記，都會寫在絕緣膠帶上，貼在靠麥克風的一頭。

有一點也很重要，就是盡可能使用同一種輸出入端子。不只可以省時與預防狀況發生，在防止阻抗因為端子或導線性質不同，對音質產生的不良影響上，也有非常大的好處。尤其使用純正 XLR 端子的時候，插頭上的卡榫，也可有效預防意外拉斷與雜音的干擾，以及各式各樣的優點（參閱第 115 頁）。

◀在線頭標記樂器名稱，使用上會比較方便

■電源的處理

電源的牽線法和器材開關的順序，也有一定的規則。

電源不可能像使用家電產品那樣，只要就近找個插座都可以用。一開始，必須先算出所有器材的最大用電量，再確認現場可使用的最大用電量。電量不同，所以使用的電源插頭也不同。除了家電常用的平行二極線以外，還有燈光用的 2kW 規格 T 型，以及 PA 系統常用的 3kW 規格 C 型。

電源插座的牽線法，基本上，就是在設置場所盡可能將器材的插頭集中連接，並且從控台供電盤吃電（圖③）。這種時候，只要多一個可用的插座，如果臨時需要增加器材，就很便利。而且，舞台 PA 箱又附變壓器，不只可以供應穩定的 100V 電源，也可以提供海外器材 117 至 240 伏特的電壓，是很方便的工具。

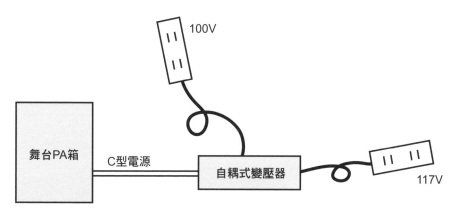

▲圖③　電源的基本牽線法

各種器材的電源，基本上依照聲音訊號的傳遞方向開啟。例如，播放器材、效果器→混音台→等化器→外接效果器（音頻處理器等）→功率擴大機等。但是嚴格說來，功率擴大機應該什麼時候打開，又是一個問題。因為，訊號在進入功率擴大機之前，都只是微小訊號（也就是小電力），在經過功率擴大機之後，就會被放大幾百倍的電

◀自耦式變壓器

▲在排插上管理不同電壓的器材　　▲設置於中型展演空間牆上的PA箱
電源

力，來驅動喇叭振膜。換句話說，如果先打開功率擴大機的電源，會
讓前面器材電源打開時發出的微小訊號，瞬間跟著倍增幅幾百倍。

　　這種時候，就會造成喇叭的損壞，所以，應該在所有器材的電源
都打開之後，再打開功率擴大機的電源。在關閉電源的時候，再以相
反的順序關閉電源，也就是先關閉擴大機，再關閉其他器材。

02 ▸ 器材的設置

　　接下來，要解說喇叭、線材與無線收發系統的設置。

■喇叭的設置

　　喇叭的架設方式，一般分為①使用腳架增加高度②堆疊增加高度③懸吊三種。每一種方法，都可以配合不同場地規模與條件，做不同因應。而最近②堆疊和③懸吊型式的喇叭增多，可更加靈活因應各種場合的需要。

　　接下來，介紹各種方式的注意事項。

①腳架的設置方法

　　在前面應用實踐篇的PART 1「音響系統的設置」有稍微提到，這是最方便的方法，常見於店內活動或小舞台旁邊的監聽喇叭。

　　如果直接把喇叭擺在舞台上，聲音無法傳得更遠，後面的觀眾也很難聽清楚舞台上的聲音。如果把喇叭架在腳架上，就可以讓聲音傳得更遠（圖④）。儘管設置上最方便，還是要小心重心不穩倒下，甚至是摔壞之類的問題。

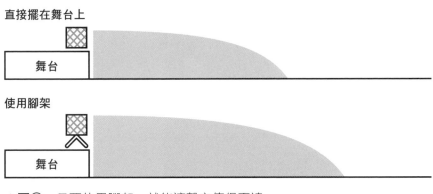

直接擺在舞台上

舞台

使用腳架

舞台

▲圖④　只要使用腳架，就能讓聲音傳得更遠

②堆疊的設置方法

　　這種方法顧名思義，就是把喇叭往上堆，在演唱會上是已經是一種標準作法。過去的演唱會舞台兩邊，通常就堆了兩疊大型喇叭，現

在的大場地或室內體育館，都逐漸以懸吊方式為主流，但是舉辦在中型展演廳或劇場的演唱會，至今還是以這種堆疊方式為主。

在一般中型展演廳規模的場地堆疊喇叭時，聽起來可能有點難以想像，通常是以人力搬運來堆疊喇叭。首先，工作人員以空箱為作業空間，將喇叭堆到二至四層，再由站在上面的工作人員把第五層喇叭裝好。在戶外，把堆疊式喇叭架設在工作架上時，第一層裝好之後，還得拿掉架子中間的隔板，再堆其他層。由此可以看出，在音響公司工作，到現在還是殘留著一些需要耗費體力的工作。不過，最近的喇叭重量變輕，移動上也更加方便。尤其可以懸吊起來的款式普遍更

◀安裝喇叭

▲把喇叭往上搬

◀以空的搬運箱墊腳

輕，在安裝上更加方便。

在堆疊喇叭的時，「貨物固定帶（又稱布猴）」是一種重要的法寶，可以確保喇叭的穩固，以防止堆疊倒塌等意外的發生。有些展演空間會要求業者，堆疊喇叭時一定要扣緊固定帶，可見這是在安全層面上非常重要的考量。

貨物固定帶的一邊是金屬製的棘輪，另一邊是比較寬的安全帶。使用時，把帶子穿過金屬頭的縫隙，並且轉動把手，透過內部的棘輪將兩邊拉緊。把帶子拉到最緊，就能確保喇叭固定在原地。這種固定帶，如果再搭配喇叭兩側的把手與專用的固定工具使用，更能保護喇叭的安全。

在戶外的演出，除了固定帶以外，還需要考慮雨天的對策。最簡單的方法，就是以帆布把整組喇叭都包起來。知道有降雨可能，就先把喇叭蓋住，只留下開口讓聲音可以發出。為了防止大風吹走帆布，底端還會以繩索或橡皮帶緊緊固定住。這種方法對於連續幾天舉行的戶外音樂節特別有用，在提到器材維護的時候，也應該納入考量。

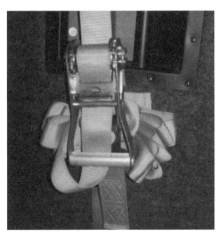

▲貨物固定帶的棘輪特寫

③懸吊的設置方法

　　近年，在大型體育場、巨蛋、室內體育館或戶外舉辦的大型演出，通常都會使用懸吊式喇叭系統，不把喇叭放在舞台上，而是從天花板或工作架懸吊。

　　那麼，大家為什麼喜歡用懸吊法呢？原因之一是，為了增加觀眾席的能見度，以容納更多觀眾。堆疊式的擺置，會讓舞台兩邊的觀眾席看不到舞台；而懸吊法可以讓那些區域再次受到活用（**圖⑤**）。大型體育場或大型室內場館，甚至可以因此增加將近一千個位子，對主辦單位而言是很重要的利多。

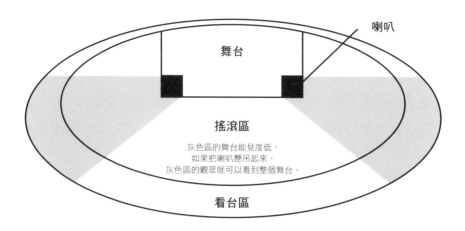

▲**圖⑤**　如果舞台被喇叭擋住，會有很大區塊的觀眾席受影響

　　另一個好處，則是音質的提升。懸吊式喇叭通常採用扇形配置的線性陣列系統，不同位置的觀眾席，也可以保持同樣的音量與音質（**圖⑥**）。這種系統，並不透過許多單點擴音的小型喇叭，去消除場地的聲音死角，而是以橫指向性極廣、縱指向性卻極狹窄的方式，依照觀眾席的高度擴音。由於橫指向沒有相互干擾，縱指向之間的干擾又能被減到最少，可以達到純淨的音質。

　　喇叭用堆疊的狀況，講極端一點，很容易產生「前面嫌太吵，後

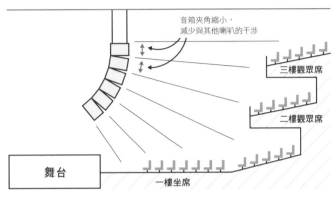

◀懸吊式規格的L-ACOUSTICS KARA

音箱夾角縮小，
減少與其他喇叭的干涉

三樓觀眾席

二樓觀眾席

舞台

一樓坐席

▲圖⑥　線性陣列系統喇叭的安裝方式

面嫌聽不到」的狀況。如果採用線性陣列系統，就可以從場地上層直接聽到聲音，更能讓在場地的每一個角落都聽到近乎相同的音質，不管是舞台前的搖滾區，還是二樓、三樓的觀眾席，都可以得到同樣的音壓，是一種劃時代的發明。

　　懸吊型的喇叭在使用數量上，也比堆疊型減少二分之一至三分之一，設置所需花費的工時更短，是集優點於一身的喇叭系統。

　　在設置上，隨各廠商有所不同，但從懸吊點用專用擋板固定，並由最上層往下安裝，則是共通的作業流程。在勞力方面，則不需要像拉固定帶那麼吃力，但喇叭總重量可能達到兩公噸，所以還是得考慮懸吊點能承受的最大重量。

■線材的處理

　　前面的基礎知識篇，已經介紹了線材的種類，但是線材的用途與牽線法，也依照其屬性有所不同。接下來，就要介紹線材的使用方式與整理法。

①線材的整理法

現場牽線依照排線、喇叭線、麥克風線的順序進行。

排線又分為輸入用（舞台兩端至主控台）與輸出用（左舞台至右舞台）兩種（圖⑦）。輸入用排線的線路，通常會採用「大外回」方式，緊貼觀眾席旁的牆壁，進入控台。有些展演空間也會預留一對十六頻道的排線箱 FK16 在舞台邊與控台。這種時候就可以善用這組線路，不需要考慮怎麼從台上牽線到控台了。

通常在鋪好排線之後，才會接喇叭線。喇叭線其實又分兩種，一種是連接舞台兩端主喇叭的喇叭線，另一種是連接監聽喇叭用的線。主喇叭的線，主要從兩邊的擴大機櫃分別接到兩邊喇叭的端子，在設置上意外簡單。另一方面，從舞台邊的監聽喇叭用擴大機牽線到監聽喇叭，則需要考慮如何繞路鋪線。監聽喇叭的擺設，要考慮最短距離，還不能對樂手造成干擾等條件，所以比較難決定。過去監聽喇叭都由一條線連接，最近因應台上有複數台監聽喇叭，於是就有了一條兩股或一條四股的喇叭排線。

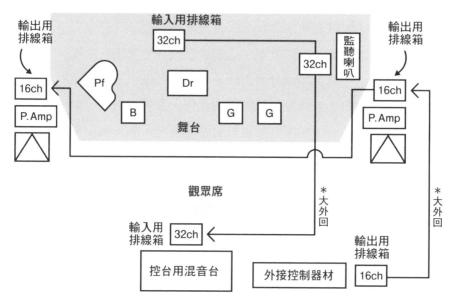

▲圖⑦　排線的鋪線示意圖

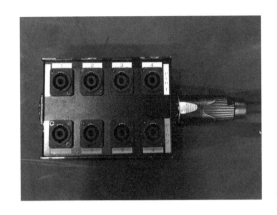

◀排線箱

　接著，是麥克風導線的連接。麥克風線也跟喇叭線一樣，必須留意在舞台上的位置。通常鼓組、貝斯音箱、吉他音箱等器材，使用的麥克風都會被擺在定點；主唱與合音麥克風則因動作與換場較多，必須留意移動的便利性、不會妨礙演出進行，及不影響演出者的舞台動作。以主唱用麥克風為例，就是從舞台側邊拉到靠近舞台前緣，再拉到正中央（**圖⑧**），接著再把多出來的線，繞三圈疊在麥克風架正下方的三根腳架之間，以確保足夠的長度。如果主唱把麥克風拿在手上，並且移動到其他地方，就不會發生線不夠長的問題了。

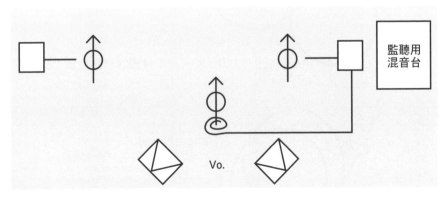

▲**圖⑧**　主唱用麥克風的鋪線方式

② 8 字繞法

　　在 PA 界有一種共通的收線方式，即不管是麥克風線、喇叭線還是排線，一律用「8 字繞」捆線，這種方式可以預防線材發生摺痕與斷線的問題，

　　8 字繞又分兩種方法，比較簡單的是把線材在地板上，一邊排成「8」字形一邊捲線（圖⑨）。另一種是順著繞一圈，反方向再繞一圈，以形成 8 字形（圖⑩）。

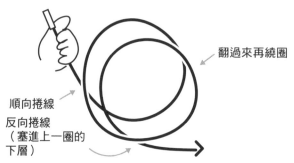

◀麥克風線必須確保腳架下三圈長度

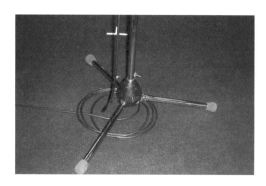

反覆

◀圖⑨　在地板上繞 8 字

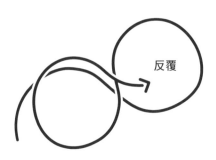

翻過來再繞圈

順向捲線
反向捲線
（塞進上一圈的
下層）

◀圖⑩　手握 8 字繞

以 8 字繞收拾的線材，可以讓經常移動的主唱用麥克風線更容易解開。不過，由於最近無線麥克風的普及，捆線顯得沒有那麼重要，也是不爭的事實；但無線麥克風音質上的問題與訊號中斷，都可能是現場會發生的狀況，也有一些歌手依舊喜歡有線麥克風的音色，所以這種繞法還是有其的必要。

■戶外的電線安全防護

前面在「喇叭的設置」部分，稍微提到了喇叭的保護措施，而戶外演唱會的電源器材保護，也是相當重要的環節。不僅是遮雨，還包括防止漏電、觸電的各種方法。

戶外的電源，幾乎都是從發電車（或車上的發電機）提供。最近的發電機業者都會用心準備，並且提供安全的供電量與接地。但是，有些場地只提供發電機，必須自己牽電源以及分配用電。

牽線的時候必須注意：電線不能直接與地面接觸，因為雨水或露水接觸電線，還是有短路的危險。萬一條件不允許把線架離地面，至少也要確保中繼頭等端子不會暴露在外面。如果發現端子外露，就用膠帶多纏個幾圈，或是以清潔袋包住，避免雨水流入。為了預防觸電與短路，保護電線與確實接地，都是必要的措施。把接地線連接在地樁，除了可以防止觸電，還可以減少雜音。

▲從發電車拉出來的排線箱

▲戶外演出的電源幾乎都從發電車供應

此外，也必須確認發電機的燃油夠用。不用說，燃油再怎麼備用也是有限。那麼，發電機的油槽要加多少油才會滿呢？發電機可以連續運轉多久呢？有備用油槽嗎？這些細節都必須事先確認。如果能事先確認離場地最近的給油場所（例如加油站等），就更好了。

■無線麥克風的設定

顧名思義，無線麥克風沒有線。聲音的電子訊號透過無線電波發射出去，並由專用的接收器轉換回聲音。現場表演使用無線麥克風，可以擴大主唱的活動範圍，並增加表演方式，非常受到重視。有線麥克風會限制主唱的活動範圍，無線麥克風即可顯出它的優勢。但是，無線麥克風也有頻道走位或訊號中斷之類的危險，所以很難說絕對是最好的選擇。

現在日本使用的無線麥克風傳送方式，依照自 2019 年 3 月 31 日開始移轉的新系統（頻率）主要分成以下四種。

①從新系統（頻率）移轉實施前即可使用的B頻段（806.125MHz～809.750MHz）

這一種系統和以前一樣，任何人均可免照使用。由於數位傳送用於原來以類比為主的頻段，以前同一區域很難同時使用超過6個頻道，現在則可以使用多頻（10ch～30ch，依照廠商規格而異），使用範圍也跟著迅速擴大。

②在新系統移轉時，取代需要申請使用執照之 A 頻段或 AX（A2）頻段的白頻段

這些頻段由於過去使用的 AX 頻段（779.125MHz～787.875MHz）與 A 頻段（797.125MHz～805.875MHz）都因為智慧型手機等行動通訊的服務項目增加，被各通訊器材廠商分配使用，以致之前類似全國巡迴之類的活動，即使是相同的無線音響系統，有時也會因為

採用各區域未使用的地面數位無線電視頻道，發生一部分區域無法使用特定頻段的問題。所以頻率範圍 470MHz（日本電視 13ch）～710MHz（ 52ch）限定只能分配做為電視頻道使用（圖⑪）。

③同區域地面波數位電視頻道 53ch（710MHz～714MHz）

本頻段並未被地面數位無線電視頻道使用，不論任何區域，均可自由用於特定頻率無線麥克風訊號傳輸專用頻段。但包括專用頻段在內，各區域每一個數位無線電視頻道可使用的頻段範圍都有限制，不同廠商與機種可支援 6ch～10ch 不等。即使名為專用頻段，頻道的使用上也充滿限制。

④不受以上三種方式限制的 1.2GHz 頻段（1,240MHz～1,260MHz ※1,252～1,253 除外）

採用數位訊號傳輸，可不受數位無線電視頻道或不同區域的限制，使用頻道數可從 47ch 到 148ch（因廠商與機種而異）。

即使可用頻率有所改變，接收無線電波的系統，依舊採用電波接收度敏銳的分集（diversity）法，一台接收器具有 2 支（以上）天線（圖⑫）。

FREQUENCY BAND JB (806–810 MHz)

Channel	Group B1	Group B2	Group B3	Group B4	Group B5	Group B6
Group Logic	B	B	B	B	B	B
Ch 1	806.125	806.250	806.375	806.125	806.125	806.125
Ch 2	806.875	806.750	806.750	806.500	806.500	806.500
Ch 3	807.250	807.750	807.250	807.000	807.000	806.875
Ch 4	808.125	808.250	807.625	807.375	807.375	807.250
Ch 5	808.750	809.000	808.375	808.000	807.750	807.625
Ch 6	809.625	809.500	808.750	808.750	808.125	808.000
Ch 7			809.250	809.125	808.500	808.500
Ch 8			809.625	809.625	808.875	808.875
Ch 9					809.250	809.250
Ch 10					809.625	809.625

▲圖⑪　SHURE數位無線系統LUX-D頻道分配表部分節錄

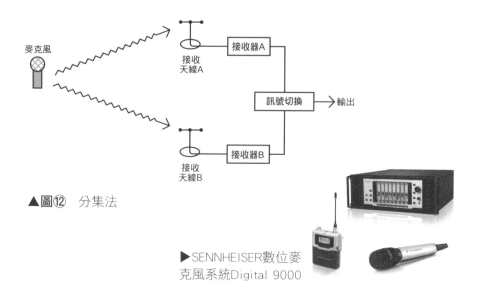

麥克風

接收
天線A

接收器A

訊號切換 → 輸出

接收器B

接收
天線B

▲圖⑫　分集法

▶SENNHEISER數位麥
克風系統Digital 9000

■監聽耳機對監聽喇叭系統帶來的變化

　　隨著無線麥克風使用頻段的移轉，無線監聽耳機系統也跟著變化。耳內監聽系統也從有線演進為無線傳輸訊號，樂手（演員）的表現範圍，也與主唱用麥克風一樣變得更廣。

　　無線耳內監聽系統也使用了與無線麥克風一樣的頻段範圍。當然也備有毋須執照的 B 頻段系統，近年還出現了傳輸數位訊號的機種。

▲無線麥克風與監聽耳機

▲保養監聽耳機的工作人員

PART 4

現場的應用

01 ▶ 回授音防止法

回授音一般也稱為 feedback。麥克風收到的聲音，經過混音台，經由功率擴大機再從喇叭放送出去，如此不斷循環，又從麥克風進去，喇叭出來。在肉眼見不到的循環過程中，許多微小的聲音會被擴大（圖①）。一些音域會隨著場地的音響性質被強調出來，並且發出尖而長的單音，這就是回授音。

想必各位讀者在 KTV 裡有過這種經驗：當麥克風接近喇叭，音量超過一個程度，就會產生回授音。那麼，我們又應該如何預防呢？

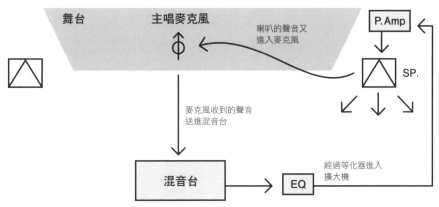

* 訊號依照箭頭的順序產生循環，並產生回授音。

將上圖整理成模式圖：

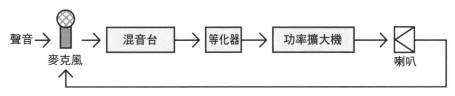

▲圖① 回授音產生的原理

■不使用器材的處理法

既然就像前面所提及，回授音由麥克風接收過多喇叭聲音產生，只要可以改變麥克風與喇叭的位置，就可以預防絕大部分的回授音情形。簡單來說，就是讓麥克風離喇叭遠一點。不只是距離，改變麥克風頭的方向，也能有效預防。請不妨試試看。

■使用等化器的處理法

回授音頻會發生在固定的頻段，所以找出問題的頻段，並且降低頻段的音量，便可以在不影響整體音量的情形下，消除回授音。回授音頻的主要頻段，我們稱為「回授點」，以下舉實例說明。

一個經驗老到的音控工程師，光是聽到回授音，就會知道是哪個頻段出了問題；經驗不足者，則只能從回授音較大的分頻點去探測。「低頻大概開到這麼強吧？」、「高頻大概開到這麼強吧？」靠這些狀態，去建立基準，並且在聲音比較薄弱的頻段推高等化器的分頻點的增益。在此必須注意的是，如果推高的分頻點很多，即使不會發生回授音的頻段，也可能發生回授音現象，而且會比推高其他音頻的場合更快形成回授音。

將發現回授音的頻段逐一切掉，並確認沒有發生回授音，就表示演出中不會再出現回授音。同理，將所有會發生回授音的分頻點都截掉，便完成消除回授音的作業。然而，如果沒有正確找到回授點，只會讓截頻點變多，回授音卻一直在那邊。更何況截頻點太多，會讓整個音量都變小，相位也跟著變亂，無法進行確實的調整。所以，若調整超過十個分頻點，還無法達到預期效果，就必須重新尋找回授音的音頻位置（圖②），才能節省時間。

■配合使用頻譜分析器的處理法

頻譜分析器是用來測定頻率性質的儀器。具體而言是透過快速傅立葉轉換（fast Fourier transform／FFT），將頻率轉換成數列，並且

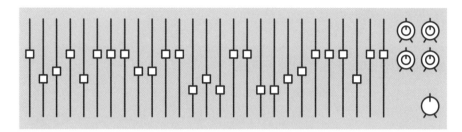

▲圖② EQ截頻點超過十處，則必須重新尋找回授點

以視覺顯示。對音控人員而言，只要用主喇叭播放粉紅色噪音（詳如附錄第 199 頁），便可以判定場地的音響特性。基本上，就是從視窗裡找出峰值，在找出回授音頻段上，是相當方便的工具。

　　頻譜分析器有單機形式，通常也會內建於數位混音台之中。特別是配備圖形等化器與頻譜分析儀的機種，在使用上特別順手。類似 Meyer Sound SIM3 或 rational acoustics Smaart v8 之類的音響測量系統，也內建了頻譜分析的功能，在大型場地特別活躍。

　　電腦軟體 Smaart v8 已經成為業界的標準，可以進行業界標準的音響系統測量分析，在 Windows 與 Mac 上都可以使用。測量時把外接音效介面放在場地內，並觀測場內的音響特性與波型曲線，不僅可及時目測確認波型特質，也可透過介面的線路輸入，比較兩者間的差異，並進行調整。

　　在使用時也必須留意，呈現峰值的頻段，未必就是容易發生回授音的地方。不同的樂器（聲音）之中，可能帶有許多峰值與大動態，

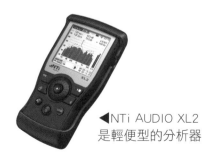

◀NTi AUDIO XL2
是輕便型的分析器

▲rational acoustics 軟體 Smaart v8

在頻譜分析圖上也很容易分辨。

■喇叭調音與防止回授音是兩回事

　　有不少人以為喇叭調音就可以防止回授音，其實兩者完全不同。喇叭的調校工程，必須考量對音場的影響，並且把喇叭系統調整成容易操作的狀態，如果是自己常跑的場地，習慣了那邊的器材，音色合乎想像，其實不需要再調音。就像樂器的調音，在音樂會前調好了音，通常不必重新再調整。但是如果同樣的系統被搬到不同場地，那麼音場與音質都會有影響，所以，還是需要將喇叭調整為自己習慣的音場。

　　如果沒有好好調音，即使樂器本身的音色很好，實際透過PA系統擴音，可能會糟蹋原來的聲音。在廣義範圍內，防止回授音也是喇叭調音的環節之一。即使用播放 CD 來調喇叭時不會產生回音授，當主唱不得不站在喇叭前唱歌的時候，還是得找出那個位置的回授點，並且將之消除。喇叭的調音，當然包括防止回授音在內。

　　但是，如果讓沒經驗的學生試著調音，常常會發生播放 CD 時切掉太多低頻的情形。這樣一來，在正式演出中聽到的聲音，會讓人聽不出現場演奏的感覺，而顯得鬆鬆垮垮。雖然他們一定會說「低音會造成回授音」，事實上，過度擔心回授音而糟蹋了整個音質，那才叫做本末倒置。調音必須先製造出「自己的音色」，再針對容易發生回授音的頻段進行調校，才是音控該做的事。

　　事實上，每一個音控人員都有不同的喇叭調音方式。有人會在場地不同定點試聽 CD 播放的曲目，並一邊調整一邊找出有問題的音頻；有人會一邊自己用麥克風發出聲音進行調整；也有人兩種方法都用。不同的方法，其實都是為了要找出自己想要的音場狀態。因為如此，即使是同樣的場地與音響，透過不同的音控人員，會呈現出不同的聲音質地。不僅可在圖形等化器上下工夫，功率擴大機的音量、音頻處理器的分頻點或截頻曲線，都有助於建立自己想要的音色（**圖**

③）。不同音控人員會調出不同的聲音，反過來說，若每一個音控人員調出來的聲音都一樣，聽起來不是很乏味嗎？

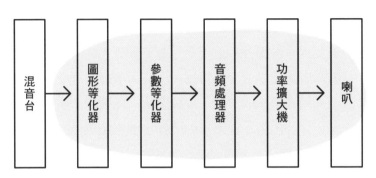

▲圖③　喇叭調音可以透過各種器材進行

02 ▶ 監聽音控師的重要性

PA 工程組通常分為主音控師（外場音控，頭頭）、監聽音控師（內場音控，大助），與所謂「二助」的舞台助理構成。但光是這三個人，還是無法應付室外體育場、室內體育館或戶外等大規模場地的大量器材，所以，在舞台／音響／燈光部門，必須雇用幾十名兼職人員，才能維持一定的工作效率。不過，如果有足夠的搬運人力，到頭來不管是哪種現場，還是只需要前面所提三位工程師。

下面我們要從 PA 工程組三人的分工，來談監聽的重要性。

■主音控師

主音控師，就是大家常在演唱會上看到的混音台操作者，必須將歌聲與樂器演奏充分傳達到觀眾的耳朵，擔負著很重要的角色。主音控師必須讓兩聲道音訊，從場地的每一個角落聽起來都一樣。在現場也被稱為「主音響工程師」，可見任務的重要性。

以日本的業界而言，在經過二助的經驗之後，音控人員通常先成為監聽音控師，最後才能坐上主控台。坐上主控台之後，還必須擔負

著現場監工的任務。不過，近年來也出現了專職的監聽音控師，在工作內容上，也沒有所謂「坐控台的比坐監聽的地位高」之類的優越意識，在此必須謹慎發言。

　　在現場的主音控師，主要管理控台，以及控台周遭的設置與調整，除了連接排線到混音台與外接效果器，還要調整主喇叭（請參照第 179 頁），還要檢查線路是否全部接妥……有太多任務要完成。當樂手進場後，還要調節各樂器的音量，以調整出平衡恰到好處的兩聲道音訊輸出。除了正式演出外，在彩排的時候，就必須事先為觀眾調出最平衡的兩聲道音訊輸出。後面小節「音響工程師的一天」（第187 頁）將會介紹，正式演出有觀眾在場，音響的表現將與彩排時不同，音場可能也會出現死角；在正式演出的時候，必須從彩排時的設定進行修正。

■舞台助理

　　舞台助理在英文裡，稱為 stage man，顧名思義，就是負責打理舞台周邊事務的專員。主要的工作是架設樂器麥克風與牽線，也需要負責堆置或懸吊喇叭，以及負責與樂手之間的協調，以營造讓他們得心應手的演奏環境，是很重要的存在。簡單來說，就是主音控師在台

◀戶外舞台裝台作業實況

上的分身。許多新進人員或實習生第一次上場，都會從舞台助理開始。而且，舞台助理的靈活程度，對演出的順利與否，會產生相當重要的影響，如果手腳不夠俐落，可能會阻礙節目的進行。所以，舞台助理必須擔負起，舞台樂手與主音控師之間的溝通橋樑角色。

此外，舞台助理在演出中，也必須眼觀四面、耳聽八方（總會發生如麥克風架傾倒，或是導線脫落之類的狀況），還得留意功率擴大機的 VU 表頭，有太多重要的任務等著去完成。這是一份無法鬆懈的職務，無法勝任的人，也無法升格成為監聽音控師或主音控師。讓我們一起努力吧。

■監聽音控師

想必各位讀者在演唱會現場，一定都看過主音控師跟舞台助理的身影。在這裡要介紹的監聽音控師，卻絕不會出現在大家看得到的地方，從頭到尾都在舞台的角落支撐著全場。定義上，與其說是技術人員，更像是樂手的角色。在 PA 工程組裡算是大助，也是資歷最淺的工程師。

實際上的工作內容，則以調整各樂手的監聽喇叭音量為主。雖然在混音台的操作上與主音控師相同，監聽音控師在概念上卻與主音控

◀舞台助理必須從進場開始忙到正式演出

師完全不同。前面提到，主音控師負責將兩聲道的混音結果，均衡地傳到上千、上萬人場地裡的每一個角落；而監聽音控師，必須立即掌握每一個樂手喜好的音量，並且以不同的混音比率送到不同的監聽喇叭。所以，雖然名為工程師，做的事情卻更接近樂手，甚至可稱為樂團的成員之一。監聽音控師也被要求具有這樣的能力。

　　即使主音控師技術精湛，也有高段的器材，台上的樂手卻演奏得不順手，那還是無法稱為一場成功的演出。一個監聽音控師必須掌握樂手的心理，考量當天個別樂手的狀況，並且將監聽喇叭調整到他們可以放手發揮的程度，在良好的 PA 系統下完成最理想的演出。

①監聽喇叭的調音

　　可能有不少人會認為，樂手用監聽喇叭的調校，會因應不同樂手的喜好而有所變化，實則不然。從喇叭送出去的聲音，可能需要考慮到樂手的想法，但我們必須先記住一個事實：喇叭的調音不需要摻雜樂手的個性。只要能發出自己控制範圍內的聲音，就沒有太大問題了。在這個範圍內，如果樂手要求想要「緊一點」的聲音，也可以迅

▲舞台上的監聽喇叭調音

▲監聽用混音台的調節

速地製造出來。

　　通常監聽喇叭的調音，都透過每段落使用的合音用麥克風進行。如果沒有合音用麥克風，就直接使用主唱的麥克風，只要能自己親自發出聲音，並且保證音量不會起回授音，就沒有問題（**圖④**）。因為，即使其他樂器的聲音會從監聽喇叭出來，都會因為距離較遠，而沒有回授音問題。如果自己的聲音很清楚，其他樂器送再大聲都沒問題。

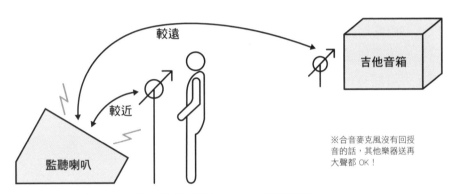

※合音麥克風沒有回授音的話，其他樂器送再大聲都 OK！

▲**圖④**　合音麥克風對監聽喇叭的調音而言相當重要

　　這時候，如果能將各組合音麥克風在控台上的輸入音量，整理出個別電平，在正式演出時將更為方便。如果前置時間不夠，也可以將圖形等化器的設定備份使用。當然，監聽喇叭的擺放位置與種類也有所不同，而必須逐一調整，但這種時候我們又不得不與時間奮戰。筆者會說「五分鐘調音」，不過圖形等化器上調整的頻段僅只有五段，則更能迅速因應台上的需求。

②演出現場的監聽音控師

　　在正式演出當中，監聽音控師必須以「音控監聽」監聽鼓組、貝斯……等各個監聽喇叭的聲音表現，一邊監聽，一邊完成台上樂手的要求。監聽音控師不只要留意舞台動靜，也要即時觀察樂手的動作或

表情。只要樂手可以順利演奏，演出就算成功。

現在的監聽用混音台，基本上都附有推軌，所以可將各組輸入的電平全部調到同一位置（圖⑤），這樣一來，假設鍵盤類音量突然變小，或是貝斯手換琴，導致音量下降，都可以分開調整。如果使用監聽的樂手都需要一樣的音量，則只要個別增加電平。以筆者個人在中小型空間的實務經驗，往往會先混一個自己參考用的兩聲道音訊。如果一直都聽「混給別人監聽用的訊號」，工作會變得很無聊，但兩聲道音訊可以更快找出在單聲道監聽時不易察覺的問題，所以頗具實用性。假設線路訊號分成左右兩聲道送進來，聲道平衡會突然改變，就可以知道是左邊還是右邊要調整。如果這樣的訊號我們只聽得到單聲道，很可能會有「僅有音量變小而已嗎？」的錯覺。

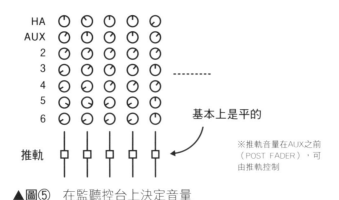

▲圖⑤　在監聽控台上決定音量

③監聽的方法還有很多種

在前面，筆者已經由自己的經驗舉出監聽音控師的工作內容，但事實上，監聽的方法還有很多種。以前師徒制盛行的時候，坐主控台的是老大，坐監聽控台的是老二，現在監聽音控師已經成為一種專業。換句話說，就是每個人都有不同的工作方式。希望各位讀者在現場能找出屬於自己的一套方法。

不論如何，不像主音控師與舞台助理可以綜觀全場，而必須固守

舞台一隅的監聽音控師，必須在演出中一邊與樂手溝通，一邊執行任務，對一場演唱會而言，更是不可或缺的幕後英雄。

03 ▸ 音響工程師的一天

在這小節，我們要介紹音響工程師典型的一天工作流程。工作時間表會因為場地大小或演出內容有所改變，這裡則舉樂團在中型展演廳的單場演出來說明。

雖然名為「音響工程師們的一天」，其實在演出前就必須完成各項準備。通常業主一來委託，就要建立時程表，並且因應場地位置、容納人數、節目內容，與各組（燈光、舞台布景、美術等）進行協調，並依結果建立完整工作計畫。

只要工作計畫建立到一定程度，就可以開始和場地進行工程協調，這時候，更需要有具體的方案，才能達成共識。協調完畢後，就可以依照結果，檢討實際方案與工作計畫的出入，並且決定使用的器材與人員編組，並且搬運器材上貨車。

■器材上車

通常，我們會在進場前一天整理要送去場地的器材，如果庫存不夠，就需要事先租借。大多數狀況下，都應該避免當天整貨上車，因為調度來的器材，常常會跟要求的不一樣；或是在規格上有出入，到了進場當天才發現，就太遲了。所以，如果可以在進場前一晚就把所有器材堆上車，當然最為理想，即使發生問題，也可以有足夠的時間處理。如果再把可以接的導線，如第 159 頁說明，都事先接好，更能節省現場的布置時間。

至於堆貨的順序，則是先大後小。先把主喇叭疊成一面牆，塞進貨櫃最深處。接著，將音箱（保護櫃底下有輪子，無法橫放者）堆進去，上面再塞 4U 到 8U 等級的機櫃，然後才輪到混音台。如果混音

◀光是擴大機就需要這麼多台，整貨時要小心

▶巡迴用機櫃用來擺放精密機器或喇叭

台不會太寬，直接順著貨櫃門的方向橫擺，也無妨。不過，大部分的混音台都比貨櫃門寬，所以就必須用貨物固定帶固定在貨櫃內壁。

　　接著，把可以橫放的線材箱、腳架箱、監聽喇叭箱（可以直接上車）塞滿剩餘的空間，這時候，也需要留意讓空間不至於一邊重一邊輕，若有需要，則重新整理內部貨物的分配，否則，很可能會因為重心不穩或留有空隙，導致器材互撞甚至損害。

　　只要所有器材都上了車，再來就是當天進場了。

■器材進場

　　除非少數特例，中型展演廳通常在上午九點進場（至於飯店宴會廳、特殊場地、或展覽館則不一定）。通常，最晚在十分鐘前，就必

◀混音台的搬運。不只器材的搬運，PA是一種團隊工作

須在卸貨口前集合完畢。到實際開始卸貨進場前，各部門（音響、燈光、舞台等）都需要事先協調工作順序與時間區隔。

　　一般的搬運順序是①布景（美術）②燈光③音響④影像⑤樂器⑥其他，但沒有絕對順序，而是依照舞台工作的需要來決定。音控工程師（尤其主音控師）必須先到場地，與場方的工作人員針對電源、排線牽法、控台機器設置場所與禁止事項，逐一進行最後的確認。這樣一來，就可以節省不必要的等待，並且預防預料外的問題。

■分配器材

　　分配器材的流程，就是把搬進場的各種機器，分配到指定位置，以避免與其他部門有所混淆。一般演唱會都會找工讀生負責搬運工作，並不專屬於音響公司，而與其他部門共用。反過來說，工讀生不可能熟悉器材的設定，所以，在搬運作業中必須詳細說明。在搬運進場後，直接將器材搬到指定位置，也可以節省作業時間。

■架設喇叭

　　將器材放在定點後，就可以開始架設喇叭與主控台，以及其他部門的器材。舞台助理通常也會從喇叭的架設開始進行。不管是堆疊還是懸吊，分別掛在舞台左右兩端的喇叭，都得依照專案規劃圖設置

189

▲懸吊式喇叭的架設

▲懸吊式喇叭就定位後的測試

（詳見第 164 頁）。在設置喇叭的時候，也必須小心不要擋到排煙閘門與布幕軌道。位置上不僅考量到兩側觀眾的視野，也要考慮觀眾席前排中間的音場空洞，以及音場在二樓、三樓座位的擴散情形。如果採取堆疊方式，即使不考慮喇叭外開角度，也需要立即用固定帶固定，以保現場安全。

■整備主控台／監聽控台

在架設喇叭的同時，主音控師也要進行主控台的設置。不僅找出最合適的位置，來擺放混音台與相關器材，也要因應各種狀況，做出最方便的設定。而監聽音控師也一樣，在有限的時間內，完成舞台邊的監聽控台、相關機器與監聽喇叭的各種設定。

■整備舞台周圍

當器材分配與喇叭都已就定位，舞台助理就可以開始依照規劃圖連接排線，頻道數比照舞台上的麥克風數量。接著要設置監聽喇叭，如果能確定演奏者在舞台上的位置，即可保留監聽喇叭的位置，這時候當然要小心不能影響到樂器的設置。麥克風腳架的架設上，也要留

▲監聽控台的設置

▲主混音台的設置

意不要影響之後樂器的設置。這時候,就必須先依照原先規劃,先擺設最少的器材。一般來說,樂器設置後再設麥克風最理想,但是為了要測試線路,就得先把線路連上並且試好音,接著等待樂手們到場。

■喇叭調音

　　前面已經提過,不管是主喇叭(第 180 頁)還是監聽喇叭,都需要調音。即使是平時用慣了的喇叭,音質上也會受到場地與氣溫左右,所以,每次都要進行細微的調整。也就是說,做出方便調控的平坦頻率曲線。忽略這道手續,將導致自己的功力難以完全發揮。這程序就像是樂器的調音一樣重要。

■試音

　　分別確認樂器、主唱與合音的音量大小。音控必須要求鼓手分別發出大鼓、小鼓、帽鈸等音色,來確定收音後的音量與音質。在演奏節奏時,又必須再調整一次。不僅只針對樂器,歌手的音色,也需要逐一確認。這時不只測試外場,也可順便檢查內場監聽的音量平衡。

■彩排

　　各樂器試音完畢後，就可以要求樂團試彈幾首歌，以確認並調整合奏時的音量平衡。若有需要，也可以要求中斷演奏，並且進行臨時調整。為了要讓不同位置的觀眾都能聽到均質的兩聲道音頻，主音控師就必須使出渾身解數。同時，監聽音控師也必須確認監聽喇叭的音量平衡。

　　在彩排與正式演出之間，本來應該是休息放飯的時間，卻常常因為時間排程的延後，而被迫重設一些環節。有時候，樂手會因為接受訪問之類的狀況，把樂器拿出來簡單調幾個音就上場彩排，在彩排結束後又得幫他試音。有時候，即使是彩排中的些微 NG，都可能有需要整個重來。演唱會就像一種生物，具有各式各樣不可預測的狀況，既然重新設定需要時間，彩排往往會一直拖到觀眾進場前才結束。場面愈令人不耐煩，音控只能愈冷靜處理。

■正式演出

　　終於到了正式演出。正式演出都會按照彩排的順序進行，但在條件上，仍然具有不同之處。正是因為彩排時現場沒有觀眾，正式演出時會有觀眾，而觀眾會影響場地的音響性質，更不能掉以輕心。一個經驗老到的音控人員，當然懂得因應人數變化，而在彩排時準備各種設定；但第一次從事音控的人，未必料得到現場的狀況。即使是稍有經驗的音控人員，也未必能因應各種狀況。

　　具體而言，有一種主要狀況，是觀眾增加場地的吸音性，讓彩排時設定的效果，聽起來反而比較乾。同時，低頻也會被觀眾的身體吸收，會讓正式演出時的音質聽起來缺乏低音。所以，在演奏第一首歌的同時，音控必須進行大幅調整，最簡單的方式，是把圖形等化器上原本切下去的頻段拉回來，有時甚至需要從音頻處理器拉高低頻的音量，以最急就章的方式挽回音質。

　　如果急就章有效，主音控師幾乎就可以一直坐在主控台後面等演

▲圖⑥　進場的觀眾會增加場地的吸音度，甚至可能讓場地殘響較小，音質較乾

出結束。如果樂團可以好好演奏，音場也可以妥善傳達給現場觀眾，主音控師其實就不需要再多做什麼了。如果是要求使用延遲之類效果的樂團，必須留意效果開關的時機（cue 點）。在音樂劇之類充滿 cue 點的節目上，和演唱會有不同的緊張感，音控台除了主音控師，通常還會有負責執行取樣音效的音效執行，以及無線麥克風操作員，三人同時在工作。演員有台詞的時候，無線麥克風必須開著，沒台詞的時候又必須把音量拉小。音樂劇的曲目又充滿音效與 cue 點，所以更不能掉以輕心。

　　演出時，舞台助理也必須全程盯著舞台與擴大機，並且應付任何可能的狀況（第 182 頁）。監聽音控師則得監督各樂手用監聽喇叭的狀況，留意他們在台上的舉動，如同前面（第 183 頁）所提事項。

■ 活動結束／拆台／撤場

　　如果演出順利結束，照理來說，應該是沉浸在感動餘韻的時光，但是展演廳有使用時間限制，所以沒有時間發呆。有的場地，甚至會對於太晚撤離的單位要求罰款，這時候，大家只能齊心協力一起拆台撤場。

　　所有器材全部上車後，本來應該算是告一段落，而互道「大家辛苦了」，但貨車返回公司倉庫之後，還得把器材全部搬下車。通常只要器材全部歸位完成，工作才算結束（巡迴還要用的器材就留在車上）。

　　這就是音響工程師們漫長的一日。

附錄：音控專業術語集

BG　　　Back Ground Music

BGM的簡稱，指背景音樂。過去以CD唱盤播放。如果使用既有曲目，就會被著作權團體要求繳納使用費，音控人員謹慎為宜。播放背景音樂前，還是得先向主辦單位確認。

DI　　　直接連接盒

Direct Injection Box的簡稱。輸入的非平衡音訊，經過阻抗轉換與平衡轉換後送進控台，可以減少雜音。

DJ

Disc Jockey的縮寫。中文譯為「唱片騎師」，本來指的是電台節目主持人，後來成為在舞廳播放唱片的人，近年又變成在舞台上操作唱盤與混音器的表演者。

FB

指Fold Back。演出者自己監聽從監聽喇叭發出的訊號。

FOH

Front of House的縮寫，指音控台，常用於歐美，或略稱House。

MC

Master of Ceremony的簡稱，原指活動主持人或大會司儀，但現在也用於指稱歌與歌之間的過場談話時間。在彩排時，演出者若有純說話的安排，會告訴音控人員例如「第三首歌與第五首歌之間有MC。」

SE

Sound Effect的縮寫，指預錄（罐頭）音效。在現場演出時，也可能有所謂的出場音效。過去常以CD唱盤或MD播放器播放，如果是cue點多的場合，就會使用取樣機（Sampler）。近年來，這個用語也指涉出場音樂，在中小型展演空間會說「這組團有出場SE」。這是將出場主題曲與音效混為一談的結果。

工作架　　　イントレ／INTOLE（rance）

相當於工地的鷹架，在音響工程界使用的規格，是長寬各1.8m的A2

工作架，正式規格不附輪子，主要用來架設喇叭與燈光。工作架最早被使用於在美國默片《忍無可忍》（Intolerance: Love's Struggle Throughout the Ages，一九一六年）的拍攝現場。

分頻網路（電子訊號的網路系統）　　　ネットワーク（エレクトロニック・ネットワーク・システム）

多音路喇叭系統會以分頻線路分配各單體負責的頻段，以避免不同單體發出相同頻率，稱為分頻網路。

①被動式分頻網路：連接於功率擴大機與喇叭之間使用。

②主動式分頻網路：連接於混音台（或外接效果器）的輸出與功率擴大機之間使用，與音頻分配器同義。

台前　　マエッツラ

指舞台前端。

右舞台　　カミテ／stage left

在日本，指面對舞台的右側，不過英文稱為stage left，在方向上是相反的，所以使用上必須留意。尤其是舞台的演出，基本上演出者在右舞台，主持人在左舞台，有點像是日本禮儀規則裡常見的上座／下座的尊卑關係。雖然最近不再如此講究，但主持人站在右舞台的場面還是不多。

外來音控　　ノリコミ／ノリコミ・オペレーター

同「外聘音控」。即不屬於場地方或器材公司的音控工程師，以及巡迴演出的跟團音控。公演前一天才到場準備者，稱為「前日外來」。

外接模組　　アウトボード／outboard

裝了調整主喇叭專用器材的機櫃。通常具有圖形等化器、參數等化器、喇叭管理系統等一整套設備，又稱「驅動機櫃」或「外接機櫃」，尺寸上以可放進四台圖形等化器的大小為主。

外場　　オモテ

指主喇叭。主喇叭發出來的聲音，就是外場的聲音。相反的，舞台內監聽喇叭發出的聲音，則稱為「內場」或monitor。

外聘音控　　　外オペ

由外面請來的音控師，與會場自備的音控人員相反。音樂節之類的活動上，也有許多樂團自帶音控師。

左舞台　　　シモテ

面對舞台的左側，相對於「右舞台」。

平行連接　　　パラう／パラル

也就是並聯，常見於喇叭或麥克風的連接上。兩台腳邊監聽喇叭共用一條喇叭線，如果不用串聯方式連接，則可使用一分二的分線。

地板監聽喇叭　　　コロガシ／floor monitor

指監聽喇叭。直接擺在舞台地板上的監聽喇叭，看起來就像倒在台上，又稱fold back monitor（簡稱FB）。但是，側面補償監聽喇叭（side fill）不算地板監聽喇叭。主唱用的地板監聽，又稱為「腳邊喇叭（foot）」。

收到雜音　　　かぶり

指麥克風收到不必要的聲音。例如，主唱麥克風收到鼓組或吉他音箱的聲音，我們會稱為「蓋住」。這種現象在架設多支麥克風的場合，一定都會遇到，我們必須透過調整麥克風的位置等方式，盡可能讓雜音減少。因為收音不明確，會因為相位混亂而無法調出好音場。

次低音（大地震）　　　サブロー／subwoofer

指在主喇叭以外另接次低音單體。通常三到四音路的喇叭在低頻也有良好的平衡表現，但如果還需要低頻的話，就再接一顆次低音。次低音又被稱為火箭砲或大地震，基本上專門發出80Hz以下的音頻。即使名為次低音，其實在大部分場合還是最重要的音頻。在以分數標記喇叭總數的場合，分母便是次低音的數量。（譯注：台灣部分戲院為了上映一九七四年美國災難片《大地震》〔Earthquake〕，而於銀幕後加裝次低音喇叭，此為「大地震」別名由來。）

近距離收音用麥克風　　　オンマイク／on-mic

指近距離架設麥克風，通常用於對樂器的逐一收音。反之，遠距離收音（off-mic）則用於多組樂器的同時收音。假設一個弦樂編制有四

人，一把琴一支麥克風就是近距離收音，四把琴一支麥克風就是遠距
離收音。

定位　　定位

指聲音的位置。PA系統使用許多支喇叭，所以也可指稱喇叭的位置。
例如訊號處理器與堆疊主喇叭之間，如果想經過音效處理，讓主唱的
聲音在比較上面的位置（＝就定位），就可透過哈斯效應，讓主唱的
聲音固定在音場中間。定位也分為左右立體聲、左中右或是5.1等形
式，可以想成「聽得到聲音的位置」。

拆台　　バラシ

指將裝置好的舞台再拆光。在類似巨蛋、室內體育館之類的大型場
地，則必須先進行「拆台前協商」，因為各自拆台一定會發生危險。
一般來說，會將喇叭集中在左舞台，燈光集中在右舞台，樂器集中在
舞台後端，同時決定搬運和裝載的順序。

活（指效果）　　ライブ／live

相對於「乾」，指空間殘響豐富。

相位　　位相／phase

聲波或電子訊號中的波型週期一致，就形成「相位一致」。以電學角
度來說，當主喇叭與監聽喇叭的相位呈現逆向關係，則主喇叭愈大
聲，監聽喇叭也就愈不容易聽清楚，會產生很多問題。另一方面，如
果次低音與主喇叭的低頻呈現逆相位關係，反而會使頻率銜接更為自
然。聲波也有相同狀況，如果以多支麥克風收音，可能因為收到過多
雜音，而打亂音場相位，使音色含混不清。這種時候，就必須調整麥
克風的擺位。此外，不當使用等化器，也可能造成相位混亂，必須留
意。

穿幫　　見切れ

指可從台下看得到後台的動靜，即稱穿幫。為了防止走光，舞台會使
用翼幕。另外，喇叭擋住了舞台，也與後台穿幫一樣不堪。所謂的
「穿幫線」，指可完整看到舞台，卻又不至於看到後台的界線。

音控室　　ハウス／Front of House (FOH)

指主控台所在的控制室。

音場定位　　　パン／パンポット

Panoramatic Potetial Meter的簡稱。在混音台上必備的旋鈕，用來決定音訊的左右位置。

音場空洞　　　中抜け

舞台太寬闊時，若僅有主喇叭發聲，前排中間的觀眾會聽不到聲音，就像一個看不見的空洞。舞台中間用的喇叭，則稱為「中央補償」，如果無法準備中央補償喇叭，則可以將外場喇叭裡的一部分喇叭朝內，以保持足夠的傳達範圍。

倒送控台　　　ハウス返し

在沒有監聽喇叭用控台時使用的監聽方式，也就是直接從主控台送訊號給監聽喇叭。像小型展演空間之類線路不足的場地，通常會採用這種方式。在顧著主輸出的同時還要兼顧監聽，對音控人員而言負擔相當重。

桁架　　　トラス／truss

指懸吊布景、喇叭或燈光組的鋁製支架。通常是30至45公分的長方柱狀體，也用於從天花板懸吊喇叭固定用。

容納人數　　　キャパ／CAPAcity

指一個場地可以容納多少人。單就表演來說，區分演出場地大小的基準，是以容納人數，而不是場地面積。

粉紅色噪音　　　ビンク・ノイズ／pink noise

每一個八度音都具有相同能量的訊號。將所有頻率都具有相同能量的白色噪音，加上-3dB／Oct.濾波器，就成為粉紅色噪音。粉紅色噪音比較接近人耳的聽感，常用於需要將機器的頻率曲線調為水平時。一般大型混音台都具有發出粉紅色噪音的功能，粉紅色噪音聽起來像「沙─」，而白色噪音聽起來像「嘶─」的感覺。

純平行　　　純パラ

只有平行連接的喇叭線路，不僅音質會產生變化，音量也大幅減少。如果要分接很多喇叭，必須使用音路分配器。

脈衝音　　パルス／pulse

類似破裂的「噗」聲，音量具有相當高的峰值。可能會有失真的問題，必須特別留意。

訊號分配器　　スプリッター

舞台傳出的麥克風訊號，通常會分送到主控台與監聽控台。在純平行連接之下不會有問題，但在廣播公司、電視台或錄音室，則會使用訊號分配器，以減少阻抗與音質的變化。如果使用訊號分配器，即使錄音師撤收拔線，也不會影響到整體的聲音。由於分配器也提供仿真電源，可以近距離提供麥克風用電，對音質提升上有好處。

訊號延遲　　レイテンシー／latency

指數位線路在內部處理上需要時間，而有所延遲。一台機器即使只有2至3ms（34至68cm）的延遲，連接幾台機器之後，在成音的現場，可能會發生無法與現場演奏同步的狀況。

乾（指效果）　　デッド／dead

指殘響少，與「活」相反（參照前面live）。流行音樂的音控，適合使用較乾的音場；另一方面，古典音樂需要音樂廳的殘響，可以不需要使用音響系統。

側面補償監聽喇叭　　サイドフィル／side fill

指架設在舞台邊的監聽喇叭。「補償監聽」並不是指使用腳架的監聽喇叭，反而以音箱型居多（例如鼓組用補償監聽，或中央聲道補償用）。另一方面，「側面監聽」則是使用腳架的監聽喇叭。

基準值　　規定／unity gain

指零增益的音量。通常我們以基準值送聲音給外場，而基準位置，也就是零增益或零刻度的位置。有些旋鈕會以三角形標記，或加註「0」。

堆疊法　　スタッキング

將喇叭由下往上堆的方法，尤其是從地板開始堆疊，又稱為「大堆積」（grand stacking）。另外，還有從天花板懸吊的擺設法（flying）。

排線　　マルチケーブル／multi cable

指麥克風導線組。以八的倍數計算，如8ch、16ch、24ch、32ch。
PA系統以16ch與32ch為主流。

排線箱　　マルチボックス／multi box

指排線端子集合處，音訊的出入口。具有與排線等數量的公／母XLR
端子。

控台　　卓

也稱為混音台。混音台都大得像床一樣，以「台」計算數量。

牽線　　介錯（かいしゃく）

指不讓麥克風線糾纏在一起的作業，主要是舞台助理的工作。如果歌
手在正式演出時需要拿著有線麥克風走來走去，就要在旁邊適當送線
或收線，離台邊遠一點就多送線，靠近過來就收回多餘的線。在裝台
時，如果有專職鋪線的人力，也會詢問其他組員是否有需要協助牽
線，這樣的作業流程，則稱為「合牽」。

牽線方向　　出はけ

導線在舞台上進進出出的狀況，可能採取「右進左出」或「左進左
出」方式。如果主唱手拿麥克風邊唱邊移動，一稍不留意牽線方向，
則容易造成導線變成亂纏狀態。所以在布置的時候，就應該留意牽線
的方向。

貨物固定帶（布猴）　　ラッシング・ベルト

指建材行等在運送鋼筋時，用來固定的尼龍帶，五金百貨就有販售。
在音響業界，主要用來固定喇叭，把幾顆喇叭捆在一起，以防失去重
心掉落。如果沒有這類器材，展演廳就不同意堆疊喇叭。

喇叭系統　　スピーカー・システム／speaker system

指喇叭箱裡包含一到數個喇叭，稱為喇叭系統。

（喇叭）角度　　振り

指一對喇叭的角度。為了確保聲音的傳達範圍，可以往上、往下、往
左、往右調整。

場子（小屋）　　コヤ

指中型或小型展演空間。來自劇場使用的詞彙，但也有些工作人員不喜歡這種叫法，所以使用上必須留意。和場方事先討論時，熟人間對討論用的表格，雖然有時會略稱「小屋協調表」，但建議仍宜稱呼正式名稱「展演空間工作協調表」。

場景記憶　　シーン・メモリー／scene memory

指混音台可以記錄不同混音的參數，包括開關與推桿的位置。例如，在需要將指定頻道靜音的時候，就可以事先記憶要使用的與不用的頻道，在負責不同表演組的場合時，相當方便。有些類比機種也可以記憶，但沒有數位機種的功能來得豐富。最近，甚至連喇叭管理系統也開始內建記憶功能。

短麥克風線　　立ち上げ

指較短的麥克風線。採用XLR端子，長約2至3公尺。接往送到控台的排線箱，也稱patch cable。

開場音樂　　アタック／attack

指主持、演員或來賓登台時的進場音樂或主題曲。電台稱之為「jingle」。銅管開場曲（fanfare），也可算是一種開場音樂。通常在音樂演出中，會由策劃人員決定，有時候，也有演出者直接將收錄曲目的CD交給音控人員，要求播放特定曲目的情形。一般主要以CD唱機播放，有時候也以硬碟錄音機播放。

間口　　間口

指舞台的寬度。日本計算舞台寬度仍然保留二戰前的「尺貫法」，像是寬度為十間這樣的用法（一間約為1.8182公尺）。

傳達範圍　　サービス・エリア／service area

13

指聲音可傳達的範圍。音控人員提供聲音服務的範圍。只要買票進場觀眾在的地方，都在聲音的傳達範圍之內。假如表演館場裡的販賣部大叔抱怨「什麼都聽不清楚」，也只能說他在傳達範圍以外，跟音控好壞無關。音控人員會使用「保證傳達範圍」之類的術語。

搬運　　トランポ

Transportation的簡稱。指器材的運輸與移動，有專門的運輸業者與車輛。

腳邊監聽　　フット

指腳邊監聽喇叭。主唱使用的器材，通常放在舞台最前端。吉他手的監聽喇叭，稱為地面監聽喇叭，或是吉他監聽。

對講機　　インカム／intercom（InterCommunication system）

指主控台、監聽控台或舞台之間聯繫用的有線通訊，用來緊急聯絡與傳達舞台總監提示用。由於使用時必須配戴耳機麥克風，音控人員不可能一直戴著工作，所以都會有專人監聽，或是提供通知燈號。無線對講機近年來也常常用於內部聯絡，不過在大音量的現場，使用有線對講機，比較方便繼續進行多方通話。

監聽耳機　　インイヤー・モニター／in-ear monitor

一種使用耳道式耳機的監聽系統，通常稱為「耳mo」，無線監聽耳機被稱為「無線耳mo」。使用監聽耳機可以減少監聽喇叭在台上對主喇叭的影響，也可以監聽立體聲訊號，在演奏上更方便。無線監聽耳機更能讓樂手在舞台上東奔西跑，完全不受導線限制。因為必須非常留意送到樂手、歌手兩耳的音量（尤其是回授音），所以耳機專屬音控人員非常必要。此外，現場收音時，也需要切掉大部分觀眾的掌聲歡呼聲。

監聽音控用監聽喇叭　　モニモニ

指在監聽控台監控監聽喇叭混音平衡與音質用的監聽喇叭。由於在舞台邊以大音量監聽也不成問題，不需要另外使用耳機。如果將監聽音訊直接送回控台，在演出前彩排時也會使用（正式演出則不使用）。

舞台助理　　ステージ・マン

指負責舞台大小器材問題的人員，又稱為音響系統工程師，是現場音控團隊除了主音控師、監聽音控師（大助）以外的第三人。通常新人進入音響公司，都會從舞台助理開始做起，許多一流音控都從事過跑舞台的經驗。但是，最近也有些音控人員只負責舞台監聽混音，將他

們稱做主音控師的「二助」，可能有欠公允。

舞台邊框　　かまち

指舞台前端的邊緣。因為觀眾席會看到雜亂的地板，所以會在舞台邊裝上木質的擋板，也盡可能避免在上面放置喇叭等重物，以免造成邊框損壞。現場常常聽到「不要踩到舞台框」或「不要撞到舞台框」，講的就是這一道擋板。

15劃

養護　　養生

指為喇叭與訊號線加蓋或防護，以免觀眾踩到或被線絆倒。具體用法是先整線，再以膠帶固定於地板上。戶外演出的場合，為了防止喇叭及線材沾水，也會以帆布遮蓋。

17劃

翼幕　　袖幕／side wings

指主布幕兩邊遮蔽後台用的簾幕。基本上以黑色為主，布料由外向內可能有一層、兩層或三層以上。也可指演出者或工作人員預備等待的場所，或是舞台過於狹窄時可活用的空間。

18劃

擴大機頭　　アタマ／（amp）head

音控人員習慣把混音台內建的麥克風前級，稱為head amp（麥擴），日本直接略稱為「頭」，並將調整麥克風前級增益到合適音量，稱為「把頭調小」。音量偏小的時候，則會要求「把頭調大」。

20劃

懸吊　　フライング

指懸吊喇叭。不僅可以擴大音場有效範圍，也能避免堆疊法對觀眾造成的阻礙。另外，堆疊式喇叭，稱做「堆疊法」（stacking）。

23劃

變壓器　　トランス

指電壓轉換器，可以升壓或降壓，提供不同器材使用，例如將100V升壓成110V等。「自耦式變壓器」是可變型電壓轉換器，可以輸出0至130V的電壓。

寫在後面

從初版發行以來，原來已經過了十四年了呀～這次受到 Rittor Music（編按：發行本書日文版的出版社）邀請進行第三版的修訂，其實並沒有感受到歲月的流逝；本書原來是我在專門學校擔任講師時希望可以成書的講義，想起來還真懷念。

上次與出版社討論第二版修訂的時候，心想市面上的類比器材逐漸被數位器材取代，必須大幅更動內容才行。但畢竟是從「PA（音控）入門」的概念出發，修訂內容基本上還是保留以類比機器為主，在介紹操作方法的過程中，再把更正、增訂內容的重點，放在數位器材方便使用的特色、操作與運用的便利點等方面上。

本次的增訂三版也與上一次的版本一樣，請來業界的資深人物，同時也是我學校教課的前輩小瀨先生負責基礎知識篇的部分，我主要負責後半的應用篇。合作成果如同預期，不僅可以當成講課用的教材使用，相信也能為有志於從事PA相關工作的年輕朋友，帶來一些幫助。

本書雖然以「入門」為概念，不表示只對初學者有用。透過這次的寫作過程，我又學習了許多新知識，也重新溫習了差點忘記的舊知識。在習以為常的作業流程當中，也發現了過去容易忽視的細節。所以，包括這層意義在內，不論是下決心投入 PA 業界的新手，還是累積一定程度經驗的老手，都是本書的訴求對象。我也希望各位新手經過幾年磨練成為老手之後，能重新閱讀本書，因為很有可能又發現新的知識。不論做任何事，都不能忘記初衷。

最後，延續初版與第二版，我要感謝為本次增訂三版提供相關建議與資料的各位先進、小瀨先生，以及為我重新整理凌亂手稿，並且校正錯字的 Rittor Music 各位伙伴。

須藤　浩

小瀨高夫（KOSE TAKAO）

16 歲參加樂團大賽獲得亞軍，19歲開始擔任錄音室樂手。就讀大學電子工程系二年級時，開始對錄音產生興趣，後來進入 MOUNTAIN FUJI RECORDS 唱片母盤直刻部門，以不服輸的個性當到部門主管。同一期間也擔任 EAST & WEST、輕音樂爭霸戰與 POPCON 等活動的現場音控，並負責多張專輯的混音工程。22 歲，前往美國洛杉磯近郊的巴薩迪納，負責 JVC 針對美國調頻電台與圖書館藏用摩登爵士唱片的混音工程，並且參加鋼琴家秋吉敏子與 Lew Tabackin 爵士大樂團的隨團音控，順利完成六萬人體育場演奏會的現場音控。24 歲回日本後，參加「CARMEN MAKI & OZ」樂團的音控與混音工程師，在日本打出名號，並開著四噸貨卡在日本各地展開愉快的音樂生活。27 歲成立 VIRGO 股份有限公司，工作參與類型遍及偶像歌手、演歌、歌劇、古典音樂，至自己最喜歡的硬搖滾，活躍於各式各樣的企業活動、音樂節，並於海外 10 餘國從事演唱會音控工作。現役活動中。

須藤　浩（SUDOU HIROSHI）

新潟縣人。高中開始玩團（吉他手），看到 GODIEGO 樂團現場表演後嚮往音響工作，決定前往東京。千代田工科藝術專門學校畢業後，進入學長任職的 TIS 股份有限公司任職。第一個案子是 20 歲成年禮活動上，為歌手杏里擔任前台音控，即使當時挨了不少罵，仍繼續磨練 15 年，成為獨立音控師。工作內容包括靠行以來負責的各種企業展示會、活動或典禮的音響規劃與執行。此外也參加過流行器樂演奏者的（海外）巡演班底（YAS-KAZ、篠崎正嗣、Clémentine、Yae 等）。擅長的領域是戲劇與音樂劇的現場音控。2003 年 4 月成立 SO-UND OFFICE 有限公司至今。除了 PA 以外，也支援過 LOUDNESS、SHOW-YA 等金屬團的現場錄音工程。長期的合作夥伴包括入行以來即合作的 T&K SINGERS（42 人和音全使用麥克風＋伴奏樂團）。此外，也為 QUEEN 致敬模仿團 GUE-EN 擔任音控 20 餘年。近年也擅長 2.5 次元的戲劇表演與配音演員的現場活動，並在東京 SCHOOL OF MUSIC 專門學校擔任音響講師超過 20 年。

國家圖書館出版品預行編目資料

圖解音控全書修訂版/小瀬高夫, 須藤浩 著; 黃大旺 譯. -- 修訂 1 版.
-- 臺北市: 易博士文化, 城邦事業股份有限公司出版: 英屬蓋曼群
島商家庭傳媒股份有限公司城邦分公司發行, 2024.01
　　　面;　　公分
　　譯自: PA 入門三訂版: 基礎が身に付く PA の教科書
　ISBN 978-986-480-352-1（平裝）

　1. CST: 音響學

448.719　　　　　　　　　　　　　　　　　　112022695

DA4010
圖解音控全書修訂版

原 書 書 名／PA入門 [三訂版] 基礎が身に付くPAの教科書
原 出 版 社／株式會社リットーミュージック
作 　 　 者／小瀬高夫、須藤浩
譯 　 　 者／黃大旺
選 　 書 　 人／蕭麗媛
責 任 編 輯／黃婉玉
行 銷 業 務／施蘋鄉
總 　 編 　 輯／蕭麗媛

發 　 行 　 人／何飛鵬
出 　 　 版／易博士文化
　　　　　　城邦事業股份有限公司
　　　　　　台北市中山區民生東路二段 141 號 8 樓
　　　　　　電話：(02) 2500-7008 傳真：(02) 2502-7676
　　　　　　E-mail：ct_easybooks@hmg.com.tw
發 　 　 行／英屬蓋曼群島商家庭傳媒股份有限公司城邦分公司
　　　　　　台北市中山區民生東路二段 141 號 2 樓
　　　　　　書虫客服服務專線：(02)2500-7718 · (02)2500-7719
　　　　　　服務時間：週一至週五 09:30-12:00 · 13:30-17:00
　　　　　　24 小時傳真服務：(02)2500-1990 · (02)2500-1991
　　　　　　讀者服務信箱信箱：service@readingclub.com.tw
　　　　　　劃撥帳號：19863813
　　　　　　戶名：書虫股份有限公司
香 港 發 行 所／城邦（香港）出版集團有限公司
　　　　　　香港九龍九龍城土瓜灣道 86 號順聯工業大廈 6 樓 A 室
　　　　　　電話：(852) 2508-6231 　 傳真：(852) 2578-9337
　　　　　　E-mail：hkcite@biznetvigator.com
馬 新 發 行 所／城邦（馬新）出版集團【Cité (M) Sdn. Bhd.】
　　　　　　41, Jalan Radin Anum, Bandar Baru Sri Petaling,
　　　　　　57000 Kuala Lumpur, Malaysia
　　　　　　電話：(603) 90563833 　 傳真：(603) 9057-6622
　　　　　　Email：services@cite.my
視 覺 總 監／陳栩椿
美 術 編 輯／新鑫電腦排版工作室
封 面 構 成／簡至成
製 版 印 刷／卡樂彩色製版印刷有限公司

PA NYUMON "SANTEIBAN" KISO GA MINITSUKU PA NO KYOKASHO © TAKAO KOSE,
HIROSHI SUDO
Copyright © TAKAO KOSE, HIROSHI SUDO 2019
Traditional Chinese translation copyright © 2019 Easybooks Publications, a Division of Cite
Publishing Ltd.
Originally Published in Japan in 2019 by Rittor Music, Inc.
Traditional Chinese translation rights arranged with Rittor Music, Inc. through AMANN CO., LTD.

2019年1月25日 初版
2024年1月18日 修訂1版
ISBN　978-986-480-352-1

定價 900　　HK $ 300

城邦讀書花園
www.cite.com.tw